中国授权农业植物新品种 2014

- 农业部植物新品种保护办公室
- 农 业 部 科 技 发 展 中 心

编著

中国农业科学技术出版社

图书在版编目（CIP）数据

中国授权农业植物新品种. 2014/ 农业部植物新品种保护办公室，农业部科技发展中心编著. —北京：中国农业科学技术出版社：2015.10
ISBN 978-7-5116-2310-2

Ⅰ. ①中… Ⅱ. ①农… ②农… Ⅲ. ①作物—品种—中国—2014 Ⅳ. ① S329.2

中国版本图书馆 CIP 数据核字（2015）第 239786 号

责任编辑 李 雪 徐定娜
责任校对 贾海霞

出　　版 中国农业科学技术出版社
北京市中关村南大街 12 号　邮编：100081
电　　话（010）82109707　82105169（编辑室）
（010）82109702（发行部）　（010）82109709（读者服务部）
传　　真（010）82106650
网　　址 http://www.castp.cn
经　　销 各地新华书店
印　　刷 中印集团数字印务有限公司
开　　本 787mm×1 092mm　1/16
印　　张 13.25
字　　数 257 千字
版　　次 2015 年 10 月第 1 版　2015 年 10 月第 1 次印刷
定　　价 80.00 元

《中国授权农业植物新品种 2014》

编写人员

主　　编　杨雄年

执行主编　崔野韩

副 主 编　陈　红　唐　浩　杨　扬

编写人员　（按姓氏笔画排序）

弓淑芳　马海鸥　邓　超　付深造

卢　新　石立坤　许晓庆　杨旭红

杨　坤　杨海涛　侯耀华　徐　岩

堵苑苑　龚　静　温　雯　董　也

韩瑞玺

前 言

中国植物新品种保护制度建立18年来，制度体系日趋完善，审查测试能力不断提高，受保护的植物种属范围稳步扩大，来自国内外的申请量快速增加。截至2014年末，农业植物新品种权申请量已达13 483件，年度申请量位居国际植物新品种保护联盟成员前列，授权总量达4 845件。授权品种的推广应用，为现代种业发展、国家粮食安全做出了突出贡献。

为了宣传我国育种工作者、科研教学单位和种子企业取得的丰硕成果，促进授权品种推广应用，我们编辑出版《中国授权农业植物新品种2014》一书。本书是《中国授权农业植物新品种2013》的延续，收录了2014年度827个授权品种的植物种属、品种名称、品种权号、授权日、品种权人等信息。

本书信息来源于品种权人和《农业植物新品种保护公报》。在此对提供信息的品种权人表示衷心感谢！

由于时间仓促，书中难免存在纰漏之处，恳请广大读者批评指正。

编　者

2015年10月

目 录

水 稻

Oryza sativa L.

玉 米

***Zea mays* L.**

普通小麦

***Triticum aestivum* L.**

谷 子

Setaria italica(L.)Beauv.

高 粱

Sorghum bicolor(L.)Moench

大麦属

Hordeum L.

甘 薯

Ipomoea batatas(L.)Lam

蚕 豆

Vicia faba L.

大 豆

Glycine max (L.) Merrill

甘蓝型油菜

Brassica napus L.

花 生
Arachis hypogaea L.

棉 属
Gossypium L.

大白菜
Brassica campestris L. ssp. *pekinensis*（Lour.）Olsson

普通结球甘蓝
Brassica oleracea L. var. *capitata*（L.）Alef. var. *abla* DC.

花椰菜
Brassica oleracea L.var. *botrytis* L.

普通番茄
Lycopersicon esculentum Mill.

黄　瓜
Cucumis sativus L.

辣椒属
Capsicum L.

茄　子
Solanum melongena L.

大　葱
Allium fistulosum L.

普通西瓜
Citrullus lanatus (Thunb.) Matsum et Nakai

甜　瓜
Cucumis melo L.

菊　属
Chrysanthemum L.

兰　属
Cymbidium Sw.

百合属
Lilium L.

非洲菊

Gerbera jamesonii Bolus

蝴蝶兰属

Phalaenopsis Bl.

花烛属

Anthurium Schott

果子蔓属

***Guzmania* Ruiz. & Pav.**

石竹属

***Dianthus* L.**

秋海棠属

***Begonia* L.**

草 莓

***Fragaria ananassa* Duch.**

苹果属

***Malus* Mill.**

梨 属

***Pyrus* L.**

柑橘属
Citrus L.

桃
Prunus persica (L.) Batsch.

葡萄属
Vitis L.

猕猴桃属
Actinidia Lindl.

桑　属
Morus L.

白灵侧耳
Pleurotus nebrodensis (Inzenga) Quél.

水 稻
Oryza sativa L.

2E06

品种权号 CNA20070537.7

授 权 日 2014年1月1日

品种权人 安徽省农业科学院绿色食品工程研究所

品种来源 以农林8号m为母本，以粳稻恢复系121为父本杂交，经5年9季选育的对苯达松除草剂敏感的广亲和恢复系。

特征性状 株型紧凑，叶色淡绿；对除草剂苯达松敏感。

抗性表现 抗白叶枯病，中抗稻瘟病和纹枯病，高抗条纹叶枯病。

绿102S

品种权号 CNA20070539.3

授 权 日 2014年1月1日

品种权人 安徽省农业科学院绿色食品工程研究所

品种来源 用安湘S为母本，与广亲和籼稻三系恢复材料L09选（轮回422/78039）杂交，经系统选育筛选的优质抗倒籼型光温敏两系不育系。

审定情况 2007年8月通过安徽省不育系鉴定。

特征性状 属早熟中籼类型。株高101 cm左右，株型紧凑，叶片挺举，叶色淡绿，分蘖力中等，生长清秀，稃尖、柱头、颖尖、叶鞘均无色，柱头外露率76.3%，其中，双外露占外露率的54.7%。主茎总叶片数14～15叶，平均为14.5叶，剑叶宽。单株茎蘖数9.9个，平均穗长26.3 cm，每穗颖花数222个。

品质测定 糙米率78.4%，精米率71.1%，整精米率64.1%。粒长6.1 mm，长宽比2.7，垩白粒率0，垩白度0，透明度2.0级，碱消值7.0级，胶稠度75 mm，直链淀粉11.8%，蛋白质11.7%。

抗性表现 稻瘟病7级，白叶枯病5级。

适宜区域 适宜于安徽、湖北、广西壮族自治区（以下称广西）和湖南等中稻区种植。

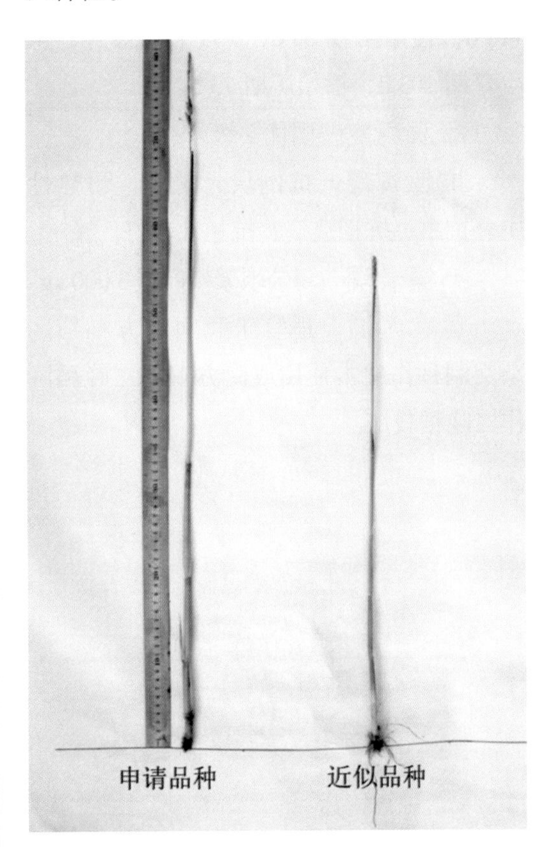

• 绿102S和安湘S茎秆长度

洲恢 481

品种权号 CNA20080349.2

授权日 2014年1月1日

品种权人 江西九洲种业有限公司

品种来源 在恢复系4480单本繁殖田群体中选择的变异单株，经3年5代系统选育、测恢而成的三系恢复系。

特征性状 株高90 cm，茎秆粗壮，株型松紧适中，主茎叶片数15.5叶，叶片、叶鞘绿色，剑叶角度小，剑叶长25～28 cm，宽1.20 cm。分蘖力强，单株平均分蘖16个，单株成穗14个。穗长22.0 cm，每穗总粒数120粒，结实率85%。赣南3月底4月初播种，全生育期118 d，播始历期88 d；6月下旬播种，全生育期103 d，播始历期73 d。

品质测定 国优2级米。

抗性表现 抗倒伏、耐寒、耐热性中、抗虫、抗稻瘟病、抗逆性较好。

产量表现 每公顷繁殖产量3 000 kg。

适宜区域 适宜于我国南方籼稻区杂交制种作父本使用或南方双季二晚稻区作二晚稻栽培。

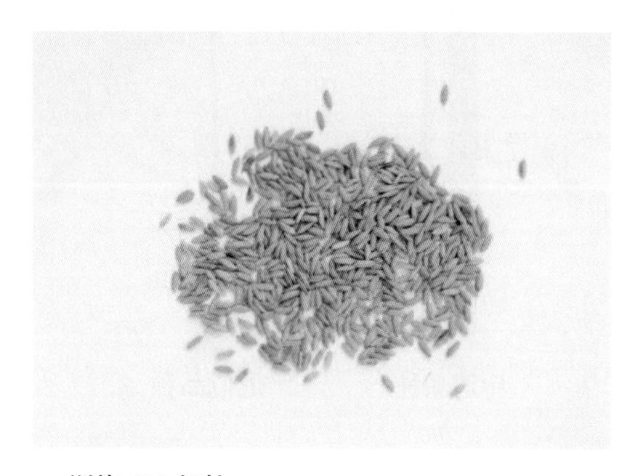

• 洲恢 481 籽粒

• 洲恢 481 秧苗

迪 A

品种权号 CNA20080792.7

授权日 2014年1月1日

品种权人 广西瑞特种子有限责任公司

品种来源 以金23A为母本，以秋B/Ⅱ-32B为父本，回交转育而成的野败型三系不育系。

审定情况 桂审稻2008026号。

特征性状 株高77 cm左右，株型适中，茎秆中粗，冠层叶较长直。叶鞘、稃尖、柱头紫色，平均每穗167.5粒。谷粒长10.2 mm，谷粒宽2.9 mm，长宽比3.5，千粒重21 g，谷壳秆黄色。2007年6月21日，广西农作物品种审定委员会办公室组织有关专家对其进行田间技术鉴定的结果，花粉不育度100.0%，其中，典败97.16%，圆败2.8%，染败0.04%；套袋自交不育度达99.99%。

抗性表现　广西农业科学院植保所人工接种抗性鉴定，叶瘟5～6级，穗瘟9级。

产量表现　繁殖、制种产量：1 000～1 500 kg/hm^2。

适宜区域　适宜于广西稻作区早稻、晚稻种植（繁殖、制种）。

金恢1186

品种权号　CNA20080812.5

授 权 日　2014年1月1日

品种权人　福建农林大学

品种来源　以HR110为母本，以HR86为父本杂交配组育成的杂交水稻晚籼恢复系。其中HR110的杂交组合为：{〔(R669×明恢86)×(R669×多系一号)〕F_5×IR24} F_5。

特征性状　植株绿色，剑叶和倒数第二叶叶片长宽度适中，叶尖与主茎的角度直立；茎秆长度中长，茎秆粗细中，茎秆角度中间型，主茎叶片数中；穗长度长，穗伸出度抽出较好，穗类型中间型，二次枝梗多，穗立形状下垂；颖壳茸毛少，颖尖秆黄色，最长芒的长度短，芒的分布无；每穗粒数多，结实率高，落粒性中，颖壳橙黄色；谷粒长度中、宽度宽、形状椭圆形、千粒重中；糙米长度中、宽度中、形状半纺锤形，种皮白色；恢复系的恢复力强。

抗性表现　抗稻瘟病苗瘟、叶瘟和穗瘟中感，抗水稻纹枯病苗期和成株期中感，抗二化螟和三化螟感。

• 金恢1186植株

津原E28

品种权号　CNA20090003.4

授 权 日　2014年1月1日

品种权人　天津市原种场

品种来源　以津原45为母本，以中花15号为父本杂交后，经多代自交选育而成的自交系。

特征性状　全生育期172 d，株高105 cm，穗长23 cm，散穗、着粒稀，平均每穗130粒左右，结实率95%，千粒重28 g，无芒。抗寒，分蘖力中等，成穗率高。抗早衰，活棵成熟。

抗性表现　高抗条纹叶枯病，抗稻瘟病，抗胡麻叶斑病。

产量表现　一般亩产 600 kg（1 亩 ≈ 666.67 m^2，1hm^2 = 15 亩，全书同）。

• 津原 E28 植株

• 津原 E28 田间群体

炳 1A

品种权号　CNA20090911.5

授 权 日　2014 年 1 月 1 日

品种权人　湖南杂交水稻研究中心

品种来源　2005 年春以资 100B 为母本，以 II-32B 为父本杂交得到 F_1，再以其为父本，以资 100A 为母本回交转育而成的三系不育系。

审定情况　湘审稻 2010044。

特征性状　播始历期 75 ～ 83 d；株高 65 ～ 80 cm，株型松散适中，叶色深绿，叶鞘、稃尖、柱头紫色，剑叶及倒二叶较长、直，主茎叶片数 13 ～ 14 叶。单株有效穗 12 ～ 18 个，穗长约 22 cm，每穗颖花数约 158，千粒重约 22 g。不育株率 100%，不育度 99.9%；柱头总外露率 75.4%，双边外露率 45.6%，单边外露率 29.8%，异交结实率 44% ～ 65%。可恢复性好、配合力强，测交杂交 F_1 的结实率可达 85.0% 以上。

• 炳 1A 植株　　炳 1A 柱头

品质测定　糙米率 80.4%，精米率 71.8%，整精米率 66.4%，长宽比为 2.6，垩白粒率 16%，垩白度 2.8%，透明度 3 级，碱消值4.2，胶稠度80 mm，直链淀粉含量11.0%，蛋白质9.6%。

抗性表现　高抗稻瘟病。

产量表现　一般每公顷繁殖产量3 000 kg左右。

垦稻 18

品种权号　CNA20070573.3

授 权 日　2014年3月1日

品种权人　黑龙江省农垦科学院

品种来源　1998年以垦98-529为母本，以旱稻L302为父本整体DNA导入杂交育成。

审定情况　2006年3月通过农垦总局品种审定委员会审定。2008年1月通过黑龙江省品种审定委员会审定。

特征性状　生育日数128 d，主茎11叶，需活动积温2 320～2 350℃。出苗较早，分蘖力中等。株高90 cm，穗长18 cm左右，每穗粒数95粒左右，千粒重27 g。秆强抗倒，耐冷性较强，抗稻瘟病性较强。

品质测定　2005—2007年品质分析平均结果：出糙率79.9%，整精米率64.4%，垩白粒率3.1%，垩白度0.3%，直链淀粉含量（干基）17.0%，胶稠度75.3 mm，食味品质81分，食味较好，达到国家二级优质米标准。

产量表现　一般每公顷产量7 500～8 500 kg。

适应区域　适宜于黑龙江省第二积温带下限、第三积温带插秧栽培。

• 垦稻18谷穗

• 垦稻18米粒和精米

圣稻 105

品种权号　CNA20080047.7

授 权 日　2014年3月1日

品种权人　山东省水稻研究所

品种来源　以（圣稻301×V6）F_4为母本，以V6为父本回交后，再经4代自交选育而成的常规种。

特征性状 直穗型品种。在济宁种植。全生育期约155 d。株高104 cm，穗长16.9 cm，亩有效穗18.9万，穗总粒数152.4粒，实粒数137.5粒，结实率90.2%。

品质测定 2007年经中国水稻研究所测定，出糙率83.4%，整精米率72.8%，垩白粒率16%，垩白度2.0，胶稠度62 mm，直链淀粉含量15.8%，米质达国家标准二级优质米标准。

抗性表现 抗条纹叶枯病，稻瘟病综合抗性3.3级（中抗）。

产量表现 2007年山东省水稻区试中晚熟组，平均亩产647.95 kg；2008年区试，平均亩产661.6 kg。

适宜区域 适宜于鲁南、鲁西南麦茬稻，鲁北作春稻种植。

• 圣稻105田间群体

嘉恢99

品种权号 CNA20080136.8

授 权 日 2014年3月1日

品种权人 浙江省嘉兴市农业科学研究院（所）

品种来源 以含有东南亚香稻血缘的063为基础材料，经过6代系统选育而成的恢复系。

特征性状 叶鞘色紫色，茎秆长度中长，剑叶叶片长度中，剑叶叶片角度直立。穗长度长，穗立形状下垂，穗伸出度抽出较好，穗类型中间型，颖尖色紫色，每穗粒数多。结实率高，落粒性中。谷粒长度长，谷粒形状细长型，谷粒千粒重中。

品质测定 主要米质指标：整精米率61%，垩白度1.2%，胶稠度76 mm，直链淀粉含量15.1%。

抗性表现 稻瘟病叶瘟、穗瘟抗性分别为1.4、2.1级，抗稻瘟病；白叶枯病抗性为3级，中抗白叶枯病。

产量表现 作中籼种植，平均产量6.5 t/hm^2。

嘉优99

品种权号 CNA20080137.6

授 权 日 2014年3月1日

品种权人 浙江省嘉兴市农业科学研究院（所）
福州纳科农作物育种研究所

品种来源 以嘉浙A为母本，以嘉恢99为父本配组而成的杂交种。

审定情况 闽审稻2012H01、赣审稻2012005、浙种引15-001。

特征性状 株型适中，株高120.58 cm，群体整齐，穗大粒多，后期转色好。穗长

26.43 cm，每亩有效穗数 15.71 万穗，每穗总粒数 203.62 粒，结实率 81.8%，千粒重 25.68 g。

品质测定　糙米率 80.3%，精米率 71.5%，整精米率 54.9%。粒长 6.8 mm，长宽比 3.0，垩白粒率 19.0%，垩白度 3.2%，透明度 1 级，碱消值 7 级，胶稠度 82.0 mm，直链淀粉含量 18.1%，蛋白质含量 9.4%。

抗性表现　福建省中抗稻瘟病，浙江省抗稻瘟病，江西省感稻瘟病。

产量表现　2009 年参加福建南平市中稻区试，平均亩产 562.23 kg；2010 年续试，平均亩产 576.57 kg；2011 年参加福建南平市中稻生产试验，平均亩产 622.7 kg。

适宜区域　适宜于福建省、江西省、浙江省作中稻种植。

R2190

品种权号　CNA20080231.3

授 权 日　2014 年 3 月 1 日

品种权人　贵州省水稻研究所

品种来源　利用携有红米色基因的中间材料天红，耐冷且携有恢复基因 R481、具有东乡野生稻血缘的中间品系 1115 和具有广亲和基因 02428，强配合力恢复系明恢 86 等不同类型材料为亲本，采取多次复合杂交的方式，逐步聚合有利目标基因，经 8 代系谱选育而成的配合力强，耐冷，抗衰的红米恢复系。

特征性状　为籼型耐冷红米恢复系。叶鞘（基部）紫色，叶片颜色为边缘紫色。倒数第二叶叶片茸毛疏，倒数第二叶叶耳色浅绿色，倒数第二叶叶舌长度为长，倒数第二叶叶舌形状为二裂，倒数第二叶叶舌色为紫色线条。茎秆长度为中，茎秆粗细为粗，茎秆直立，茎秆基部茎节包。剑叶叶片正卷，剑叶叶片长度为中，剑叶叶片宽度为宽，剑叶叶片直立。穗长中等，穗立形状下垂，颖壳茸毛少，颖尖紫色，最长芒的长度为极短，每穗粒数中，护颖白色，颖壳秆黄色。谷粒形状椭圆形；谷粒千粒重高；种皮红色。

适宜区域　适宜于贵州等西南山区作一季中稻种植，常规稻，繁殖、栽培与明恢 86 相同。

• 左侧为 R2190 谷穗

• R2190 籽粒

R634

品种权号　CNA20080232.1

授 权 日　2014 年 3 月 1 日

品种权人　贵州省水稻研究所

品种来源　以（兴野 /R481//02428///明恢 86）F_1 为基础材料，经连续 8 代自交选育而成的三系恢复系。

特征性状　R634 为籼型水稻恢复系，叶鞘（基部）紫色；叶片颜色为边缘紫色；倒数第二叶叶片茸毛疏；倒数第二叶叶耳色浅绿色；倒数第二叶叶舌长度为长；倒数第二叶叶舌形状为二裂；倒数第二叶叶舌色为白色；剑叶叶片正卷；茎秆长度为中；茎秆粗细为粗；茎秆直立；茎秆基部茎节包；剑叶叶片长度为长；剑叶叶片宽度为宽；剑叶叶片直立；穗长中等；穗立形状下垂；颖壳茸毛少；颖尖紫色；最长芒的长度为极短；每穗粒数多；护颖白色；颖壳秆黄色；谷粒形状椭圆形；谷粒千粒重高；后期抗衰性好。

• 左侧为 R634 谷穗

• 左侧为 R634 单株

适宜区域　适宜于贵州等西南山区作一季中稻种植，常规稻，繁殖、栽培与明恢 86 相同。

新稻 20 号

品种权号　CNA20080637.8

授 权 日　2014 年 3 月 1 日

品种权人　河南省新乡市农业科学院

品种来源　以新稻 9 号为母本，以盐稻 334-6 为父本杂交后，通过 7 代系统选育而成的粳型常规种。

审定情况　国审稻 2010044。

特征性状　在黄淮地区种植全生育期平均 155.9 d，株高 100.2 cm，穗长 15.7 cm，每穗总粒数 133.9 粒，结实率 89.8%，千粒重 25.2 g。

品质测定　整精米率 69.1%，垩白粒率 30%，垩白度 2.1%，胶稠度 82 mm，直链淀粉含量15%，达到国家《优质稻谷》标准3级。

抗性表现　稻瘟病综合抗性指数5.1，穗颈瘟损失率最高级5级，条纹叶枯病最高发病率6.8%。

产量表现　2008年国家黄淮粳稻组区试，平均产量9 592.5 kg/hm^2。2009年续试，平均产量9 381.0 kg/hm^2。2009年国家生产试验，平均产量8 736.0 kg/hm^2。

适宜区域　适宜于河南沿黄、山东南部、江苏淮北、安徽沿淮及淮北地区种植。

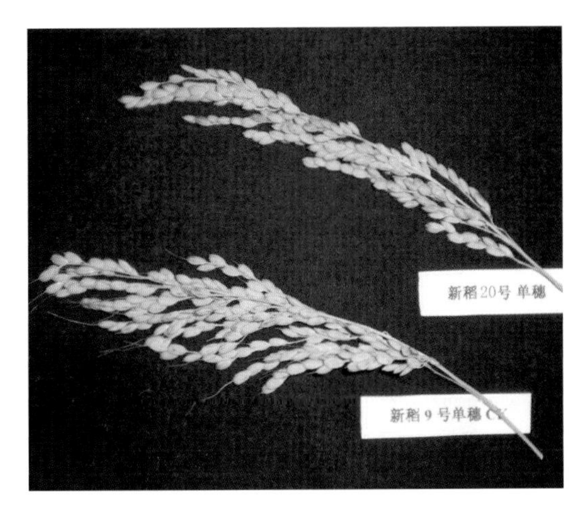

• 上面为新稻20号谷穗

新科稻21

品种权号　CNA20090563.6

授 权 日　2014年3月1日

品种权人　河南省新乡市农业科学院

品种来源　以镇稻99为母本，以引自江苏省武进市水稻研究所的01D41LB88为父本杂交后，经系统选育连续自交7代选育而成粳型常规稻。

审定情况　国审稻2012035。

特征性状　黄淮地区种植全生育期平均157.1 d。株高96.4 cm，穗长15.5 cm，每穗总粒数125.7粒，结实率82.7%，千粒重25.8 g。

品质测定　整精米率70.2%，垩白粒率16.5%，垩白度1.9%，胶稠度85 mm，直链淀粉含量16.6%，达到国家《优质稻谷》标准2级。

抗性表现　稻瘟病综合抗性指数3.4，穗颈瘟损失率最高级3级，条纹叶枯病最高发病率3.96%，中抗稻瘟病，抗条纹叶枯病。

产量表现　2009年参加国家黄淮粳稻组品种区域试验，平均年产量9 267.0 kg/hm^2；2010年续试，平均年产量9 105 kg/hm^2；两年区域试验平均年产量9 181.5 kg/hm^2。2011年生产试验，平均年产量8 886.0 kg/hm^2。

适宜区域　适宜于河南沿黄、山东南部、江苏淮北、安徽沿淮及淮北地区种植。

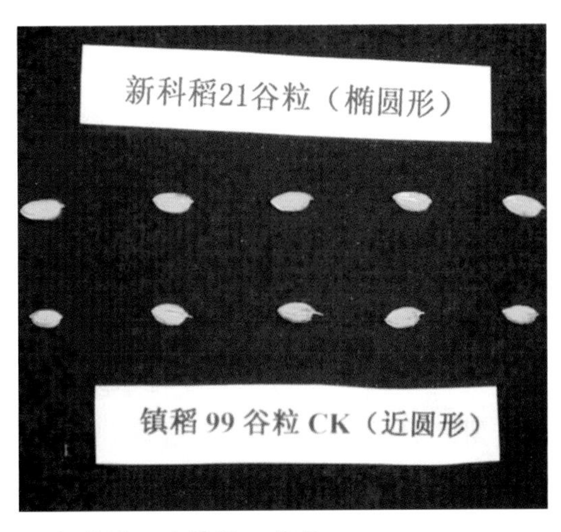

• 新科稻21和镇稻99籽粒

Ⅱ优 3216

品种权号 CNA20090803.6

授 权 日 2014 年 3 月 1 日

品种权人 黄山市农业科学研究所

品种来源 以Ⅱ-32A 为母本，以 R3216 为父本杂交配组而成的籼型三系杂交水稻。

审定情况 2008 年通过安徽省农作物品种审定委员会审定编号为皖稻 2008008。

特征性状 感光性弱，感温性中等，全生育期 135 d 左右，基本营养生长期短，中熟中籼。株高 123 cm 左右，株型紧凑，剑叶较长，叶片坚挺上举，茎叶颜色浅淡绿。长穗型，主蘖穗整齐。颖色黄色，颖尖紫色，种皮白色，无芒，谷粒椭圆形。亩有效穗 14 万穗左右，每穗总粒数 211 粒左右，结实率 81% 左右，穗实粒数 177 粒左右，千粒重 26 g。

品质测定 糙米中间形，糙米长 5.8 mm，糙米长宽比 2.3，糙米率 82.0%，精米率 74.2%，整精米率 60.2%。垩白粒率 29%，垩白度 5.2%，透明度 3 级，碱消值 5.4 级，胶稠度 58 mm，直链淀粉含量 23.0%，糙米蛋白质含量 8.8%。经农业部稻米及制品质量监督检验测试中心检验，2006 年米质（区试点样品）达部颁 4 级食用稻品种品质标准。

抗性表现 安徽省农业科学院植物保护研究所鉴定：中抗白叶枯病（抗性 5 级）、抗—中抗稻瘟病（抗性 3 ～ 5 级）。

适宜区域 适宜于安徽省作一季稻种植。

产量表现 在一般栽培条件下，2006 年安徽省中籼区试亩产 590 kg，2007 年安徽省中籼区试亩产 608 kg，两年区试平均亩产 599 kg，2007 年生产试验亩产 553 kg。最大年推广面积 150 万亩，累计推广面积 350 万亩。

• Ⅱ优 3216 单株

• Ⅱ优 3216 籽粒

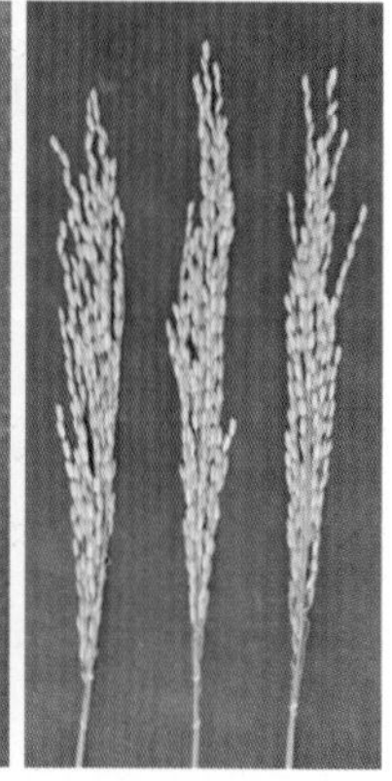

Ⅱ优 3216 谷穗

株两优 4026

品种权号　CNA20090860.6

授 权 日　2014年3月1日

品种权人　湖南农业大学

品种来源　以株1S为母本，以恢复系4026为父本配组杂交而成的两系杂交稻。

审定情况　湘审稻2010002。

特征性状　属中熟杂交早籼类型，在湖南省作双季早稻栽培，全生育期106 d左右。株高87 cm左右，株型松紧适中，剑叶中长、较宽、直立。叶鞘、稃尖无色，熟期落色好。湖南省区试结果：每亩有效穗22万穗，每穗总粒数112.5粒，结实率79.8%，千粒重29.3 g。

品质测定　农业部稻米及制品质量监督检验测试中心分析结果：糙米率81.5%，精米率72.8%，整精米率61.8%。粒长7.0 mm，长宽比3.0，垩白粒率86%，垩白度16.8%，透明度2级，碱消值6.1级，胶稠度36 mm，直链淀粉含量21.4%，蛋白质含量9.9%。

抗性表现　叶瘟4级，穗瘟5级，中感稻瘟病；白叶枯病5级，中感白叶枯病；抗寒能力较强。

产量表现　2007年参加湖南省早稻区试，平均亩产513.05 kg，2008年参加湖南省早稻续试，平均亩产528.58 kg。经两年试验，平均亩产520.82 kg。生育期106.4 d，日产4.90 kg。

适宜区域　适宜于湖南省稻瘟病轻发区作早稻种植。

• 株两优 4026 田间群体

H 优 518

品种权号　CNA20090862.4

授 权 日　2014年3月1日

品种权人　湖南农业大学

品种来源　以H28A为母本，以恢复系51084为父本配组杂交而成的籼型三系杂交晚稻品种。

审定情况　湘审稻2010032、国审稻2011020。

特征性状　在长江中下游作双季晚稻种植，全生育期平均112.9 d。株高96.2 cm，株型适中，叶片挺直，稃尖无色。穗长22.3 cm，穗顶部分籽粒有芒，每亩有效穗数24.1万穗，每穗总粒数113.6粒，结实率80.7%，千粒重25.8g。

品质测定　农业部稻米及制品质量监督检验测试中心分析结果为整精米率57.2%，长宽比3.5，垩白粒率25%，垩白度5.0%，胶稠度56 mm，直链淀粉含量21.6%，达到国家《优质稻谷》标准3级。

抗性表现　湖南省区试抗性鉴定结果：叶瘟4～7级，穗瘟6～9级，稻瘟病综合抗性指数 6.3，白叶枯病 5 级，抗寒能力较强。

产量表现 2008 年湖南省区试平均亩产 522.68 kg，2009 年续试平均亩产 538.02 kg，两年区试平均亩产 530.35 kg。2009 年参加长江中下游晚籼早熟组品种区域试验，平均亩产 496.8 kg，2010 年续试平均亩产 502.4 kg，两年区域试验平均亩产 499.6 kg。

适宜区域 适宜于江西、湖南、湖北、浙江以及安徽长江以南的稻瘟病、白叶枯病轻发的双季稻区作晚稻种植。

• H 优 518 田间群体

C 两优 4488

品种权号 CNA20090864.2

授 权 日 2014 年 3 月 1 日

品种权人 湖南农业大学

品种来源 以不育系 C815S 为母本，以恢复系 4488 为父本配组杂交而成的两系杂交种。

审定情况 湘审稻 2008037。

特征性状 属两系双季杂交晚籼迟熟品种，在湖南省作双晚晚稻栽培，全生育期 123 d 左右。株高 118 cm 左右，株型偏松，剑叶较长且直立。叶鞘、稃尖均紫色，落色好。湖南省区试结果：每亩有效穗 16 万～17 万穗，每穗总粒数 165～170 粒，结实率 80%，千粒重 28 g。

品质测定 农业部稻米及制品质量监督检验测试中心分析结果：糙米率 82.3%，精米率 74.2%，整精米率 62%，粒长 7.2 mm，长宽比 3.4。垩白粒率 28%，垩白度 5.8%，透明度 2 级，碱消值 4.4 级，胶稠度 71 mm，直链淀粉含量 14.3%，蛋白质含量 9.6%。

抗性表现 叶瘟 5～7 级，穗瘟 3～5 级，感稻瘟病；白叶枯病 5 级，中感白叶枯病；抗寒能力较强。

产量表现 2006 年参加晚稻迟熟高产组初试，平均亩产 525.38 kg。2007 年转入一季晚稻组区试，平均亩产 530.09 kg。

适宜区域 适宜于湖南省稻瘟病轻发区作双季晚稻种植。

• C 两优 4488 田间群体

C 两优 755

品种权号 CNA20090866.0

授 权 日 2014 年 3 月 1 日

品种权人 湖南农业大学

品种来源 以不育系 C518S 为母本，以恢复系 755 为父本配组杂交而成的两系杂交种。

审定情况 湘审稻 2009026。

特征性状 属两系杂交一季晚籼组合，在湖南省作一季稻种植，全生育期 125 d 左右。株高 114 cm 左右，株型较紧凑，剑叶中长直立。叶鞘、稃尖紫色，落色好。湖南省区试结果：每亩有效穗 19 万穗，每穗总粒数 162 粒，结实率 77.6%，千粒重 28 g。

• C 两优 755 田间群体

品质测定 农业部稻米及制品质量监督检验测试中心分析结果：糙米率 83.0%，精米率 75.2%，整精米率 67.0%。籽粒长度 6.7 mm，长宽比 2.7。垩白粒率 55%，垩白度 7.7%，透明度 2 级，碱消值 5.3 级，胶稠度 58 mm，直链淀粉含量 13.6%，蛋白质含量 11.2%。

抗性表现 叶瘟 7 级，穗瘟 9 级，综合评级 7.5 级，感稻瘟病；白叶枯病 5 级，中感白叶枯病。

产量表现 2007 年参加湖南省一季晚稻区试初试，平均亩产 529.57 kg，2008 年续试，平均亩产 604.11 kg。两年区试平均亩产 566.84 kg。

适宜区域 适宜于湖南省稻瘟病轻发区作一季晚稻种植。

C 两优 513

品种权号 CNA20090868.8

授 权 日 2014 年 3 月 1 日

品种权人 湖南农业大学

品种来源 以不育系 C518S 为母本，以恢复系 513 为父本配组杂交而成的两系杂交种。

审定情况 鄂审稻 2008006。

特征性状 属籼型中稻。全生育期 132.6 d。株型紧凑，植株较矮，分蘖力较强。茎秆较细，不露节。叶色绿，叶片中长、挺直。穗层整齐，穗型较松散，中等穗，结实率较高。谷粒细长型，稃尖紫色无芒，后期转色好。区域试验中亩有效穗 20.0 万穗，株高 107.9 cm，穗长 23.1 cm，每穗总粒数 152.5 粒，实粒数 128.8 粒，结实率 84.5%，千粒重 23.89 g。

品质测定 农业部稻米及制品质量监督检验测试中心分析结果：出糙率 80.0%，整精米率 52.8%。垩白粒率 28%，垩白度 2.8%，直链淀粉含量 20.3%，胶稠度 67 mm，长宽比 3.4，主要理化指标达到国标家标准三级优质稻谷质量标准。

抗性表现 高感稻瘟病。田间稻曲病重。

产量表现 两年区域试验平均亩产 583.07 kg。

适宜区域 适宜于湖北省鄂西南山区以外的稻瘟病无病区或轻病区作中稻种植。

垦育 88

品种权号 CNA20080133.3

授 权 日 2014 年 9 月 1 日

品种权人 河北省农林科学院滨海农业研究所

审定编号 冀审稻 2010001。

品种来源 中花 8 号 / 冀粳 13 号 // 冀粳 14 号。

特征性状 属粳型常规稻，在京、津、唐地区种植全生育期 175 d 左右，适合冀东稻区做一季稻栽培。幼苗挺直、色浓绿，耐寒。成株叶片上冲直立，株型紧凑，弹性好，高抗倒伏。株高 115 cm 左右，分蘖力强，一般每亩有效穗数 23 万左右，穗长 18 cm 左右，紧穗型，每穗总粒数 135 粒左右，结实率 85%，千粒重 29 g 左右，属穗数型大粒品种；谷粒阔卵型，不易落粒，谷壳薄，出米率高，商品性好。

产量表现 2008—2009 年在河北省区试中，两年平均单产 620.5 kg，大区生产试验平均单产 651.1 kg。

抗性表现 经天津市植物保护研究所对稻瘟病接种鉴定：稻瘟病综合抗性指数 5.9 级，中感稻瘟病；高抗条纹叶枯病。田间表现抗纹枯病，感稻曲病，国家核心种质耐盐碱鉴定为强耐盐碱性品种。

品质测定 整精米率 67.2%，垩白粒率 23%，垩白度 1.6%，直链淀粉含量 16.7%，胶稠度 77 mm，达国家标准优质稻谷三级。

• 垦育 88 田间群体

五优稻 4 号

品种权号 CNA20080376.X

授 权 日 2014 年 9 月 1 日

品种权人 五常市利元种子有限公司

品种来源 1999 年在五优稻 1 号繁种田中发现的 7 株变异株为基础材料，经自交多代选育而成的粳稻常规种。

审定情况 黑审稻 2009005。

特征性状 主茎 15 片叶，株高 105 cm 左右，穗长 21.6 cm 左右，每穗粒数 120 粒左右，千粒重 26.8 g 左右，散发出清香味等特点。

品质测定　出糙率83.4%～84.1%，整精米率67.1%～67.9%，垩白粒率0，垩白度0，直链淀粉含量（干基）17.3%～17.6%，胶稠度76.0～79.0 mm，食味品质87～88分。

抗性表现　叶瘟2～3级，穗颈瘟1～2级；耐冷性鉴定处理空壳率23.1%～24.2%，自然空壳率8.9%～9.2%。

产量表现　2006—2007年区域试验平均每公顷产量7 687.5 kg，2008年生产试验平均每公顷产量8 045.1 kg。

适宜区域　适宜于黑龙江省五常市平原自流灌溉区插秧栽培。

• 五优稻4号单株

• 五优稻4号籽粒

• 五优稻4号谷穗

龙粳香1号

品种权号　CNA20100043.3

授 权 日　2014年9月1日

品种权人　黑龙江省农业科学院佳木斯水稻研究所

品种来源　以哈99352为母本，以龙粳13为父本进行有性杂交，由其F_1进行花药离体培养获得加倍的二倍体植株经多代系统选择育成的粳稻品种。

审定情况　黑审稻2010015。

特征性状　长粒型香稻品种。主茎11片叶，出苗至成熟生育日数130 d左右，需≥10℃活动积温2 350℃左右。株高90.0 cm左右，穗长16.8 cm左右，每穗粒数82粒左右，千粒重27.6 g左右。分蘖能力强，活秆成熟。

品质测定 农业部谷物及制品质量监督检验测试中心（哈尔滨）品质分析结果：出糙率 76.1% ～ 81.2%，整精米率 62.8% ～ 66.8%，垩白粒率 3.0% ～ 8.0%，食味品质 80 ～ 86 分，品质各项指标达国家二级优质米标准，米饭清香，口感佳。

抗性表现 黑龙江省品种审定委员会指定稻瘟病和耐冷鉴定单位抗稻瘟病接种鉴定（两年之间的幅度）：叶瘟 3 ～ 4 级，穗颈瘟 1 级，抗稻瘟病性强；耐冷性鉴定结果（两年之间的幅度）：低温处理空壳率 17.5% ～ 17.8%，耐冷性强。

产量表现 2007 年参加全省区域试验 7 点次平均公顷产量 8 561.7 kg，2008 年省区域试验 7 点次平均公顷产量 8 296.5 kg，两年区域试验平均公顷产量 8 429.1 kg，2009 年参加全省生产试验 7 点次平均每公顷产量 7 691.5 kg。

适宜区域 适宜于黑龙江省第三积温带上限种植。

• **龙粳香 1 号田间群体**

金农 2 优 3 号

品种权号 CNA20100421.5

授 权 日 2014 年 9 月 1 日

品种权人 福建农林大学

品种来源 以金农 2A 为母本，以金恢 3 号为父本杂交组配而成的三系杂交稻。

审定情况 闽审稻 2010005。

特征性状 全生育期两年区试平均 128.4 d。群体整齐，株型适中，植株较高，穗大粒多，后期转色好。每亩有效穗数 15.7 万穗，株高 110.3 cm，穗长 25.5 cm，每穗总粒数 151.5 粒，结实率 76.55%，千粒重 29.7 g。

• **金农 2 优 3 号田间群体**

品质测定 糙米率 81.7%，精米率 73.3%，整精米率 46.8%。粒长 7.3 mm，长宽比 3.0，垩白粒率 25.0%，垩白度 3.4%，透明度 2 级，碱消值 5.8 级，胶稠度 76.0 mm，直链淀粉含量 15.7%，蛋白质含量 7.2%。米质达部颁三等优质食用稻品种标准。

抗性表现 福建省稻瘟病抗性鉴定综

合评价为中感稻瘟病，其中南靖农科所点鉴定为感稻瘟病，将乐黄潭点鉴定为高感稻瘟病。

产量表现　2007 年参加省晚稻区试，平均产量 7 014.75 kg/hm^2；2008 年续试，平均产量 7 647.45 kg/hm^2。2009 年参加省晚稻生产试验，平均产量 7 983.00 kg/hm^2。

适宜区域　适宜于福建省作晚稻种植。

金农 3 优 3 号

品种权号　CNA20100523.2

授 权 日　2014 年 9 月 1 日

品种权人　福建农林大学

品种来源　以金农 3A 为母本，以金恢 3 号为父本杂交组配而成的三系杂交种。

审定情况　闽审稻 2012006。

特征性状　全生育期两年中稻区试平均 141.9 d。群体整齐，株型适中，穗大粒多，后期转色好。株高 129.6 cm，穗长 26.0 cm，每亩有效穗 14.0 万穗，每穗总粒数 179.4 粒，结实率 89.1%，千粒重 27.6 g，糙米红褐色。

品质测定　糙米率 79.1%，精米率 70.5%，整精米率 43.7%，粒长 6.6 mm，长宽比 2.8。垩白粒率 31%，垩白度 2.8%，透明度 2 级，碱消值 4.8 级，胶稠度 78 mm，直链淀粉含量 15.0%，蛋白质含量 8.8%。米质达部颁三等优质食用稻品种标准，糙米红褐色。

抗性表现　福建省两年稻瘟病抗性鉴定综合评价为中感稻瘟病；其中，将乐黄潭点鉴定为感稻瘟病。

产量表现　2010 年参加省中稻区试，平均产量 8 754.75 kg/hm^2；2011 年续试，平均产量 9 300.60 kg/hm^2。2011 年参加省中稻生产试验，平均产量 8 095.50 kg/hm^2。

适宜区域　适宜于福建省作中稻种植。

• 金农 3 优 3 号田间群体

龙粳 32

品种权号　CNA20100735.6

授 权 日　2014 年 9 月 1 日

品种权人　黑龙江省农业科学院佳木斯水稻研究所

品种来源　以龙花 96-1560 为母本，以龙粳 12 为父本杂交得到龙生 00049，接种其 F_1 代幼穗离体培养，获得组培绿苗，经连续 4 代系统选育而成的粳型常规稻品种。

审定情况　黑审稻 2011006。

特征性状　主茎11片叶，株高91 cm左右，穗长 15.2 cm 左右，每穗粒数 90 粒左右，千粒重 25.2 g 左右。出苗至成熟生育日数 127 d 左右，需≥ 10 ℃活动积温 2 250 ℃左右。秆强抗倒，后熟快，活秆成熟。

品质测定 出糙率 79.0% ～ 80.5%，整精米率 62.4% ～ 69.1%，垩白粒率 1.0%，垩白度 0.1%，直链淀粉含量（干基）17.82% ～ 18.38%，胶稠度 69.0 ～ 74.5 mm，食味品质 77 ～ 80 分。

抗性表现 抗稻瘟病接种鉴定：叶瘟 3 级，穗颈瘟 1 ～ 3 级；耐冷性鉴定：低温处理空壳率 6.1% ～ 15.39%。

产量表现 2008—2009 年区域试验平均公顷产量 7 840.4 kg，2010 年生产试验平均每公顷产量 8 983.9 kg。

适宜区域 适宜于黑龙江省第三积温带下限种植。

• 龙粳 32 田间群体

龙花 00485

品种权号 CNA20100736.5

授 权 日 2014 年 9 月 1 日

品种权人 黑龙江省农业科学院佳木斯水稻研究所

品种来源 以龙交 98109 为母本，以龙交 98075 为父本杂交得到龙交 99084，2000 年接种其 F_1 花药离体培养，获得加倍二倍体植株，经连续 5 代系统选择选育而成粳型常规种。

特征性状 出苗至成熟生育日数 127 d 左右，幼苗长势强，分蘖力强，抗倒伏。主茎 11 片叶，株高 95 cm 左右，穗长 15.6 cm 左右，每穗粒数 81 粒左右，千粒重 27.1 g 左右。颖尖秆黄色，需≥ 10℃活动积温 2 250℃左右。

品质测定 农业部谷物及制品质量监督检验测试中心（哈尔滨）品质分析结果：出糙率 80.2% ～ 81.6%，整精米率 69.5% ～ 70.9%，垩白粒率 2.0% ～ 7.0%，垩白度 0.1% ～ 0.5%，直链淀粉含量（干基）17.26% ～ 17.67%，胶稠度 66.0 ～ 70.0 mm，食味品质 76 ～ 78 分。

抗性表现 黑龙江省品种审定委员会指定稻瘟病和耐冷鉴定单位抗稻瘟病接种鉴定：叶瘟 3 ～ 5 级，穗颈瘟 1 ～ 5 级。耐冷性鉴定：低温处理空壳率 5.9% ～ 14.2%。

产量表现 2008 年黑龙江省区域试验平均公顷产量 8 120.3 kg，2009 年黑龙江省区域试验平均每公顷产量 7 512.7 kg，两年区域试验平均公顷产量 7 816.5 kg。2010 年黑龙江省生产试验平均公顷产量 9 052.0 kg。

适宜区域 适宜于黑龙江省第三积温带下限种植。

• 龙花 00485 田间群体

龙粳 31

品种权号 CNA20100737.4

授 权 日 2014 年 9 月 1 日

品种权人 黑龙江省农业科学院佳木斯水稻研究所

品种来源 以龙粳 13 为母本，以垦稻 8 号为父本杂交后，接种其 F_1 花药离体培养，获得加倍二倍体植株，经连续 5 代系统选育而成的粳型常规种。

审定情况 黑审稻 2011004。2013 年农业部确认为超级稻品种。

特征性状 叶色深绿，叶片较短窄，稍正卷，开张角度小。株高 92 cm 左右，主茎 11 片叶，穗长 15.7 cm 左右，每穗粒数 86 粒左右，千粒重 26.3 g 左右。出苗至成熟生育日数 130 d 左右，需≥ 10℃活动积温 2 350℃左右。秆强抗倒，后熟快，活秆成熟。

品质测定 农业部谷物及制品质量监督检验测试中心（哈尔滨）品质分析结果：出糙率 81.1% ～ 81.2%，整精米率 71.6% ～ 71.8%，垩白粒率 0.0% ～ 2.0%，垩白度 0.0% ～ 0.1%，直链淀粉含量（干基）16.89% ～ 17.43%，胶稠度 70.5 ～ 71.0 mm，食味品质 79 ～ 82 分。

抗性表现 黑龙江省品种审定委员会指定稻瘟病和耐冷性鉴定单位抗稻瘟病接种鉴定（三年之间的幅度）：叶瘟 3 ～ 5 级，穗颈瘟 1 ～ 5 级；耐冷性鉴定（三年之间的幅度）：低温处理空壳率 11.39% ～ 14.1%。

产量表现 2008—2009 年区域试验平均每公顷产量 8 165.4 kg，2010 年生产试验平均每公顷产量 9 139.8 kg。

适宜区域 适宜于黑龙江省第三积温带上限种植。

• 龙粳 31 田间群体

亮 A

品种权号 CNA20080793.5

授 权 日 2014 年 11 月 1 日

品种权人 广西瑞特种子有限责任公司

品种来源 金 23A// 秋 B/ 新香 B

审定情况 桂审稻 2010027 号。

特征性状 株高 67 cm 左右，茎秆粗壮，株型集散适中，冠层叶片直立，顶叶短稍宽，叶鞘、稃头、柱头紫色，穗枝梗数多，平均每穗 203 粒，谷粒长 8.9 mm，长宽比 3.1，千粒重 17 g，稃壳橘黄色。在南宁种植，早稻 2 月底至 3 月上旬播种，主茎叶片数 14 叶；晚稻 7 月中旬播种，播始历期 75 d。开花习性好，柱头外露率达 95%，其中，双边外露率为 65%。2009 年 6 月 17 日，广西壮族自治区农作物品种审定委员会办公室组织有关专家对亮 A 进行田间技术鉴定的结果，花粉不育度为 99.9%，其中，典败 97.09%，圆败 2.3%，染败 0.51%，正常 0.1%；套袋自交不育度达 99.996%。

品质测定 亮 A 的保持系米质主要指标：整精米率 52.0%，粒长 6.0 mm，长宽比 3.0,。垩白粒率 9%，垩白度 0.6%，直链淀粉含量 24.0%，胶稠度 50 mm。米质达优质米国标 3 级标准。

抗性表现 广西农业科学院植保所人工接种抗性鉴定，穗瘟 7 ～ 9 级。

产量表现 繁殖、制种产量平均每公顷 1 500 ～ 3 000 kg。

适宜区域 适宜于广西稻作区早稻、晚稻均可种植（繁殖、制种）。

发 A

品种权号 CNA20080794.3
授 权 日 2014 年 11 月 1 日
品种权人 广西瑞特种子有限责任公司

品种来源 以金 23A 为母本，以（早细米 B× 博 B）F_2 为父本杂交后，经回交转育 7 代而成的不育系。

审定情况 桂审稻 2007049 号。

特征性状 株高 86.0 cm 左右，株型较紧凑，叶色淡绿，分蘖力较强，剑叶短较宽直，叶鞘紫色，着粒密度一般，颖色淡黄，稃尖紫色，无芒，平均每穗粒数 163.3 粒，千粒重 19 g，谷粒长 9.4 mm，长宽比 3.8。在南宁种植，早稻 3 月上旬播种，主茎叶片数 13 叶；晚稻 8 月 1 日播种，播始历期 61 d。颖壳张开角度较大，柱头外露率达 91%，其中双边外露率达 53%，异交结实率达 58.3% 以上，颖壳闭合好。花粉不育度 100.0%，其中，典败 98.85%，圆败 1.14%，染败 0.01%；套袋自交不育度 99.99%。

品质测定 根据农业部食品质量监督检验测试中心（武汉）分析，发 A 的保持系米质主要指标：整精米率 68.7%，长宽比 3.1，垩白粒率 27%，垩白度 3.2%，胶稠度 84 mm，直链淀粉含量为 15.23%。

抗性表现 广西农科院植保所人工接种抗性鉴定，叶瘟 5 级，穗瘟 7 级。

产量表现 繁殖、制种产量平均每公顷 1 500 ～ 2 000 kg^2。

适宜区域 适宜于广西稻作区早稻、晚稻均可种植（繁殖、制种）。

Ⅱ优 52

品种权号 CNA20090074.8
授 权 日 2014 年 11 月 1 日

品种权人 安徽省农业科学院水稻研究所

品种来源 以Ⅱ-32A为母本，以OM052为父本杂交组配而成的三系杂交种。

审定情况 2007年安徽省农作物品种审定委员会审定，2010年通过国家农作物品种审定，审定编号为国审稻2010012。

产量表现 2005—2006年参加安徽省中籼区试，平均亩产分别为582.2 kg和602.56 kg，2006年同步进入生产试验，平均亩产547.81 kg。2007—2008年国家区试平均产量596.18 kg，增产点比例86.2%。2009年参加国家生产试验，平均亩产581.99 kg。

• II优125田间群体

抗性表现 2005—2006年经安徽省农科院植保所人工接种鉴定，感稻瘟病，中感—感白叶枯病。耐热性好在国家区试中，经测定，耐热性为1级。符合安徽省以及长江中下游地区对耐高温品种的需求；在各地示范中，表现出结实率高，具有较好的耐热特点。抗倒伏性能好在安徽省各地示范中，很少发生倒伏现象。

产量表现 制种产量高，2007—2008年试制种，平均亩产175 kg。

适宜区域 适宜于江西、湖南、湖北、安徽、浙江、江苏的长江流域稻区（武陵山区除外）以及福建北部、河南南部稻区的稻瘟病、白叶枯病轻发区作一季中稻种植。

豫农粳6号

品种权号 CNA20090986.5

授 权 日 2014年11月1日

品种权人 河南农业大学

河南米禾农业有限公司

品种来源 以中国91为母本，以郑8903为父本杂交后，经6代系统选育而成的中晚熟常规粳稻品种。

审定情况 豫审稻2010006。

特征性状 全生育期162 d。株高94.9 cm，茎秆粗壮，剑叶宽长，光叶，分蘖力、成穗率中等。平均每亩有效穗21.6万穗，每穗粒数102.9粒，结实率76.6%，千粒重26.4 g，具有香味。

品质测定 糙米率83.0%，精米率74.2%，整精米率71.4%。垩白粒率30%，垩白度2.4%，透明度1级，胶稠度84 mm直链淀粉含量15.0%，米质达国家优质稻谷标准3级。

抗性表现 抗稻瘟病菌和条纹叶枯病，中感纹枯病和白叶枯病。

产量表现　2008 年省粳稻区域试验，平均产量 8 557.5 kg/hm^2，2009 年省粳稻生产试验，平均产量 8 158.5 kg/hm^2。

适宜区域　适宜于河南省沿黄稻区和豫南籼改粳稻区种植。

• 豫农粳 6 号谷穗

• 豫农粳 6 号田间群体

龙粳 29

品种权号　CNA20100315.4

授 权 日　2014 年 11 月 1 日

品种权人　黑龙江省农业科学院佳木斯水稻研究所

品种来源　以空育 131 为母本，以龙糯 2 号为父本杂交，经连续 6 代系统选育而成的粳型常规种。

审定情况　黑审稻 2010010。

特征性状　主茎 11 片叶，生育日数 127 d 左右，需≥ 10℃活动积温 2 250℃左右。株高 89.4 cm，分蘖力强，幼苗长势强，活秆成熟。穗长 16.6 cm 左右，每穗粒数 98.9 粒左右，千粒重 26.2 g 左右，结实率高。

品质测定　农业部谷物及制品质量监督检验测试中心（哈尔滨）品质分析结果：出糙率 80.4% ～ 81.6%，整精米率 62.1% ～ 70.3%，垩白粒率 2.0% ～ 4.0%，垩白度 0.4% ～ 0.6%，直链淀粉含量（干基）17.56% ～ 19.1%，胶稠度 67.0 ～ 74.0 mm，食味品质 80 ～ 84 分。

抗性表现　黑龙江省品种审定委员会指定稻瘟病和耐冷鉴定单位抗稻瘟病接种鉴定：叶瘟 3 ～ 3 级，穗颈瘟 1 ～ 5 级。耐冷性鉴定结果：低温处理空壳率 15.2% ～ 21.2%。

产量表现　2007 年省区域试验平均产量 8 841.1 kg/hm^2，2008 年省区域试验平均产量 8 484.6 kg/hm^2，2009 年省生产试验，平均产量 8 168.1 kg/hm^2。

适宜区域　适宜于黑龙江省第三积

温带下限插秧栽培。

旱糯 2 号

品种权号　CNA20100427.9

授 权 日　2014 年 11 月 1 日

品种权人　河北省农林科学院滨海农业研究所

品种来源　以冀糯 1 号母本，以旱 88-1 为父本杂交后，经自交多代选育而成的常规粳糯型旱稻品种。

审定情况　国审稻 [2010]055。

特征性状　全生育期 134 d，株高 83 cm，根系较发达，茎秆坚韧有弹性，剑叶上举。中紧穗型，穗长 16 ～ 18 cm，株高 83 cm，平均每穗粒数 133 粒，千粒重 25 g 左右。每亩有效穗数 24 万穗，分蘖性较强。粒椭圆形，稻谷黄色，后期落黄性好。

• 旱糯 2 号田间群体

品质测定　出糙率 82.3%，精米率 74.2%，整精米率 70.2%。粒长 4.9 mm，长宽比 1.8，直链淀粉含量 1.6%，胶稠度 100 mm。各项指标均达到国家优质糯稻标准。

抗性表现　中抗叶瘟和穗颈瘟；全生育期的抗旱指数为 1.17，抗旱等级为 3 级（强）。

产量表现　2008—2009 年参加国家黄淮海区域试验，平均每公顷产量为 5 107.5 kg。夏播稻直播高肥水栽培，一般每公顷产量 7 500 ～ 9 000 kg。

适宜区域　适宜于河南、山东、江苏、安徽的黄淮流域作夏播稻直播栽培；冀东地区作一季稻栽培。

建优 795

品种权号　CNA20100811.3

授 权 日　2014 年 11 月 1 日

品种权人　广东源泰农业科技有限公司

品种来源　以籼型杂交水稻三系不育系建 A 为母本，以 R795 为父本杂交育成的感温型三系杂交种。其中，父本 R795 是以（广恢 122× 桂恢 253）F_6 为母本，以（小银占 × 肇恢 239）F_5 为父本杂交后，经自交 5 代选育而成的三系恢复系。

审定情况　粤审稻 2010036。

特征性状　晚稻平均全生育期 108 ～ 111 d。株型中集，分蘖力中弱，穗大粒多，抗倒力和耐寒性均为中强。株高 106.7 ～ 107.2 cm，每亩有效穗 15.6 ～ 17.6 万，穗长 21.8 ～ 22.9 cm，每穗总粒数 149 ～ 164 粒，结实率 79.6% ～ 80.7%，千粒重 23.8 ～ 24.9 g。

品质测定　米质鉴定为省标优质3级，整精米率65.7%～70.4%，垩白粒率20%～39%，垩白度5.3%～22.7%，直链淀粉23.4%～24.3%，胶稠度41～69 mm，长宽比2.8～3.1，食味品质为74～76分。

抗性表现　抗稻瘟病，全群抗性频率96.2%，对中B群、中C群的抗性频率分别为96.1%和96.3%，病圃鉴定叶瘟1.3级、穗瘟2.3级；感白叶枯病。

产量表现　2008年、2009年晚稻参加广东省区试，平均亩产分别为465.4 kg和448.50 kg。2009年晚稻生产试验平均亩产431.17 kg。

适宜区域　适宜于广东省粤北以外稻作区早、晚稻种植。

• 建优795谷穗

建优115

品种权号　CNA20100830.0

授 权 日　2014年11月1日

品种权人　广东源泰农业科技有限公司

品种来源　以引自湛江神禾生物技术有限公司的籼型三系不育系建A为母本，以恢复系R115为父本杂交育成的感温型三系杂交稻品种。其中，父本是以（恢8830×测64-7）F_5为母本，以（广恢122×明恢77）F_6为父本杂交后，经连续6代自交选育而成。

审定情况　粤审稻2010015。

特征性状　早稻平均全生育期126～133 d。株型适中，分蘖力中弱，叶色绿，叶姿直，穗大粒多，着粒密，谷粒有短芒，抗倒力中强，耐寒性中，后期熟色好。株高99.5～102.2 cm，穗长20.4～21.1 cm，每亩有效穗14.6～18.1万穗，每穗粒数149粒，结实率81.0%～81.6%，千粒重23.2～23.9 g。

品质测定　整精米率37.0%，垩白粒率44%，垩白度21.6%，直链淀粉27.0%，胶稠度46 mm，食味品质为70分，米质未达优质等级。

抗性表现　中抗稻瘟病，中B、中C群和总抗性频率分别为87.5%、100%、92.4%，病圃鉴定穗瘟5级，叶瘟2.8级；中感白叶枯病。

产量表现　2008年参加广东省早稻区试，平均亩产448.3 kg，2009年早稻复试，平均亩产441.71 kg，生产试验平均亩产482.56 kg。

适宜区域　适宜于广东省粤北以外稻作区早、晚稻种植。

• 建优 115 谷穗

川农优 528

品种权号 CNA20070215.7
授 权 日 2014 年 1 月 1 日
品种权人 四川农业大学

花香 A

品种权号 CNA20070218.1
授 权 日 2014 年 1 月 1 日
品种权人 四川省农业科学院生物技术核技术研究所

花香 7 号

品种权号 CNA20070219.X
授 权 日 2014 年 1 月 1 日
品种权人 四川省农业科学院生物技术核技术研究所

YR602

品种权号 CNA20070431.1
授 权 日 2014 年 1 月 1 日
品种权人 安徽荃银高科种业股份有限公司

荃紫 S

品种权号 CNA20070432.X
授 权 日 2014 年 1 月 1 日
品种权人 安徽荃银高科种业股份有限公司

YR1671

品种权号 CNA20070433.8
授 权 日 2014 年 1 月 1 日
品种权人 安徽荃银高科种业股份有限公司

R163

品种权号 CNA20080034.5
授 权 日 2014 年 1 月 1 日
品种权人 湖南杂交水稻研究中心

连粳 7 号

品种权号 CNA20080009.4
授 权 日 2014 年 3 月 1 日
品种权人 江苏徐淮地区连云港农业科学研究所

准两优 312

品种权号 CNA20080414.6
授 权 日 2014 年 1 月 1 日
品种权人 国家杂交水稻工程技术研究中心清华深圳龙岗研究所

中香 A

品种权号 CNA20080609.2
授 权 日 2014 年 1 月 1 日
品种权人 中国水稻研究所

培两优 8007

品种权号 CNA20080616.5
授 权 日 2014 年 1 月 1 日
品种权人 中国水稻研究所

中 9 优 8012

品种权号 CNA20080617.3
授 权 日 2014 年 1 月 1 日
品种权人 中国水稻研究所

两优 1528

品种权号 CNA20080624.6
授 权 日 2014 年 1 月 1 日
品种权人 湖北省农业科学院粮食作物研究所
长江大学

佳丰 68s

品种权号 CNA20080623.8
授 权 日 2014 年 1 月 1 日
品种权人 湖北省农业科学院粮食作物研究所

SI169

品种权号 CNA20080772.2
授 权 日 2014 年 1 月 1 日
品种权人 江苏焦点农业科技有限公司

R2047

品种权号 CNA20080775.7
授 权 日 2014 年 1 月 1 日
品种权人 湖北省农业科学院粮食作物研究所

黄丝占

品种权号 CNA20080814.1
授 权 日 2014 年 1 月 1 日
品种权人 广东省农科院水稻研究所

35s

品种权号 CNA20090589.6
授 权 日 2014 年 1 月 1 日
品种权人 湖北省农业科学院粮食作物研究所

JD1516

品种权号 CNA20090723.3
授 权 日 2014年1月1日
品种权人 江苏焦点农业科技有限公司

内5优5399

品种权号 CNA20090956.1
授 权 日 2014年1月1日
品种权人 内江杂交水稻科技开发中心

蜀恢329

品种权号 CNA20100408.2
授 权 日 2014年1月1日
品种权人 四川农业大学

粳恢1号

品种权号 CNA20070018.9
授 权 日 2014年3月1日
品种权人 安徽省农业科学院水稻研究所

两优100

品种权号 CNA20070518.0
授 权 日 2014年3月1日
品种权人 安徽省农业科学院水稻研究所

广两优100

品种权号 CNA20070519.9
授 权 日 2014年3月1日
品种权人 安徽省农业科学院水稻研究所

9311S

品种权号 CNA20080358.1
授 权 日 2014年3月1日
品种权人 江苏徐淮地区连云港农业科学研究所
连云港市黄淮农作物育种研究所

沪太1号

品种权号 CNA20070779.5
授 权 日 2014年3月1日
品种权人 上海市农业生物基因中心

旱优2号

品种权号 CNA20070780.9
授 权 日 2014年3月1日
品种权人 上海市农业生物基因中心

Y两优8号

品种权号 CNA20080135.X
授 权 日 2014年1月1日
品种权人 湖南杂交水稻研究中心

华占

品种权号 CNA20080059.0
授 权 日 2014年3月1日
品种权人 中国水稻研究所

博恢202

品种权号 CNA20080076.0
授 权 日 2014年3月1日
品种权人 博白县作物品种资源研究所

太A

品种权号 CNA20080077.9
授 权 日 2014年3月1日
品种权人 博白县作物品种资源研究所

宝农34

品种权号 CNA20080078.7
授 权 日 2014年3月1日
品种权人 上海市宝山区农业良种繁育场

沪旱15号

品种权号 CNA20080180.5
授 权 日 2014年3月1日
品种权人 上海市农业生物基因中心

吉eA

品种权号 CNA20080086.8
授 权 日 2014年3月1日
品种权人 赣州市农业科学研究所

淮稻11号

品种权号 CNA20080088.4
授 权 日 2014年3月1日
品种权人 江苏徐淮地区淮阴农业科学研究所

双抗明占

品种权号 CNA20080103.1
授 权 日 2014年3月1日
品种权人 福建省三明市农业科学研究所
广东省农业科学院植物保护研究所

Ⅱ优508

品种权号 CNA20080141.4
授 权 日 2014年3月1日
品种权人 宿州市种子公司

东农427

品种权号 CNA20080147.3
授 权 日 2014年3月1日
品种权人 东北农业大学

武运粳 19 号

品种权号　CNA20080143.0
授 权 日　2014 年 3 月 1 日
品种权人　常州市武进区农业科学研究所

东农 425

品种权号　CNA20080162.7
授 权 日　2014 年 3 月 1 日
品种权人　东北农业大学

泸香 618A

品种权号　CNA20080181.3
授 权 日　2014 年 3 月 1 日
品种权人　四川省农业科学院水稻高粱研究所

宁恢 268

品种权号　CNA20080174.0
授 权 日　2014 年 3 月 1 日
品种权人　湖南希望种业科技有限公司

粮粳 5 号

品种权号　CNA20070679.9
授 权 日　2014 年 3 月 1 日
品种权人　新疆农业科学院粮食作物研究所

辐 R568

品种权号　CNA20080173.2
授 权 日　2014 年 3 月 1 日
品种权人　湖南隆科种业有限公司

紫 A

品种权号　CNA20080219.4
授 权 日　2014 年 3 月 1 日
品种权人　贵州省水稻研究所

黔恢 085

品种权号　CNA20080221.6
授 权 日　2014 年 3 月 1 日
品种权人　贵州省水稻研究所

庐优 875

品种权号　CNA20080290.9
授 权 日　2014 年 3 月 1 日
品种权人　合肥市峰海标记水稻研究所
江苏神农大丰种业科技有限公司

槟榔红 A

品种权号　CNA20080265.8
授 权 日　2014 年 3 月 1 日
品种权人　广西象州黄氏水稻研究所

R894

品种权号 CNA20080230.5
授 权 日 2014 年 3 月 1 日
品种权人 贵州省水稻研究所

科旱 1 号

品种权号 CNA20080333.6
授 权 日 2014 年 3 月 1 日
品种权人 中国科学院上海生命科学研究院植物生理生态研究所
浙江省农业科学院

明恢 1398

品种权号 CNA20080394.8
授 权 日 2014 年 3 月 1 日
品种权人 福建省三明市农业科学研究所

农香 18

品种权号 CNA20080247.X
授 权 日 2014 年 3 月 1 日
品种权人 湖南省水稻研究所

农香 19

品种权号 CNA20080248.8
授 权 日 2014 年 3 月 1 日
品种权人 湖南省水稻研究所

农香 21

品种权号 CNA20080249.6
授 权 日 2014 年 3 月 1 日
品种权人 湖南省水稻研究所

越光籽 3 号

品种权号 CNA20080259.3
授 权 日 2014 年 3 月 1 日
品种权人 本田技研工业株式会社

浙辐 111

品种权号 CNA20080431.6
授 权 日 2014 年 3 月 1 日
品种权人 浙江大学
中国科学院遗传与发育生物学研究所

浙辐 02

品种权号 CNA20080432.4
授 权 日 2014 年 3 月 1 日
品种权人 浙江大学
中国科学院遗传与发育生物学研究所

早籼恢 P433

品种权号 CNA20080261.5
授 权 日 2014 年 3 月 1 日
品种权人 衡阳市农业科学研究所

科德 186A

品种权号　CNA20080273.9
授 权 日　2014 年 3 月 1 日
品种权人　广西菩提农业开发有限责任公司

福恢 673

品种权号　CNA20080396.4
授 权 日　2014 年 3 月 1 日
品种权人　福建省农业科学院水稻研究所

泗稻 11 号

品种权号　CNA20080425.1
授 权 日　2014 年 3 月 1 日
品种权人　江苏省农业科学院宿迁农科所

特优 969

品种权号　CNA20080442.1
授 权 日　2014 年 3 月 1 日
品种权人　福建兴禾种业科技有限公司

吉粳 803

品种权号　CNA20080298.4
授 权 日　2014 年 3 月 1 日
品种权人　吉林省农业科学院

临稻 13 号

品种权号　CNA20080353.0
授 权 日　2014 年 3 月 1 日
品种权人　临沂市水稻研究所

临稻 15 号

品种权号　CNA20080354.9
授 权 日　2014 年 3 月 1 日
品种权人　临沂市水稻研究所

浙辐 JD8A

品种权号　CNA20080434.0
授 权 日　2014 年 3 月 1 日
品种权人　浙江大学
中国科学院遗传与发育生物学研究所

神恢 328

品种权号　CNA20080447.2
授 权 日　2014 年 3 月 1 日
品种权人　海南神农大丰种业科技股份有限公司

神恢 329

品种权号　CNA20080448.0
授 权 日　2014 年 3 月 1 日
品种权人　海南神农大丰种业科技股份有限公司

Ⅱ优 356

品种权号 CNA20080395.6
授 权 日 2014 年 3 月 1 日
品种权人 宁德市农业科学研究所

H9815

品种权号 CNA20080473.1
授 权 日 2014 年 3 月 1 日
品种权人 湖南丰源种业有限责任公司

绥粳 11

品种权号 CNA20080495.2
授 权 日 2014 年 3 月 1 日
品种权人 黑龙江省农业科学院绥化分院

龙盾 01-249

品种权号 CNA20080497.9
授 权 日 2014 年 3 月 1 日
品种权人 黑龙江省天盈种子有限公司

淦恢 319

品种权号 CNA20080560.6
授 权 日 2014 年 3 月 1 日
品种权人 江西现代种业股份有限公司

镇稻 6 号

品种权号 CNA20080698.X
授 权 日 2014 年 3 月 1 日
品种权人 江苏丘陵地区镇江农业科学研究所

申 6A

品种权号 CNA20080509.6
授 权 日 2014 年 3 月 1 日
品种权人 上海市农业科学院

中协 A

品种权号 CNA20090778.7
授 权 日 2014 年 3 月 1 日
品种权人 中国水稻研究所
浙江农科种业有限公司

徐稻 7 号

品种权号 CNA20090725.1
授 权 日 2014 年 3 月 1 日
品种权人 江苏徐淮地区徐州农业科学研究所

跃丰 202 号

品种权号 CNA20090700.0
授 权 日 2014 年 3 月 1 日
品种权人 江西省农业科学院水稻研究所

功米 3 号

品种权号 CNA20080744.7
授 权 日 2014 年 3 月 1 日
品种权人 云南省农业科学院

广两优 476

品种权号 CNA20090969.6
授 权 日 2014 年 3 月 1 日
品种权人 湖北省农业科学院粮食作物研究所

越光 H4 号

品种权号 CNA20080258.5
授 权 日 2014 年 3 月 1 日
品种权人 本田技研工业株式会社

浙辐 JD3A

品种权号 CNA20080433.2
授 权 日 2014 年 3 月 1 日
品种权人 浙江大学
中国科学院遗传与发育生物学研究所

福龙 S2

品种权号 CNA20090399.6
授 权 日 2014 年 3 月 1 日
品种权人 福建省龙岩市农业科学研究所

松粳 15

品种权号 CNA20080783.8
授 权 日 2014 年 3 月 1 日
品种权人 黑龙江省农业科学院五常水稻研究所

广优明 118

品种权号 CNA20090773.2
授 权 日 2014 年 3 月 1 日
品种权人 福建省三明市农业科学研究所
福建六三种业有限责任公司

中 20A

品种权号 CNA20080525.8
授 权 日 2014 年 3 月 1 日
品种权人 中国水稻研究所

中 2A

品种权号 CNA20080564.9
授 权 日 2014 年 3 月 1 日
品种权人 中国水稻研究所

中 3A

品种权号 CNA20080565.7
授 权 日 2014 年 3 月 1 日
品种权人 中国水稻研究所

中 3 优 1681

品种权号 CNA20080566.5
授 权 日 2014 年 3 月 1 日
品种权人 中国水稻研究所

扬育粳 1 号

品种权号 CNA20080614.9
授 权 日 2014 年 3 月 1 日
品种权人 江苏田源种业有限公司

1023S

品种权号 CNA20090724.2
授 权 日 2014 年 3 月 1 日
品种权人 江苏省农业科学院

昌恢 T025

品种权号 CNA20080649.1
授 权 日 2014 年 3 月 1 日
品种权人 江西农业大学

Ⅱ优 986

品种权号 CNA20090820.5
授 权 日 2014 年 3 月 1 日
品种权人 刘文炳

中早 35

品种权号 CNA20090728.8
授 权 日 2014 年 3 月 1 日
品种权人 中国水稻研究所

连粳 2008

品种权号 CNA20080010.8
授 权 日 2014 年 3 月 1 日
品种权人 连云港市黄淮农作物育种研究所

华小黑 2 号

品种权号 CNA20080517.7
授 权 日 2014 年 3 月 1 日
品种权人 华南农业大学

华恢 624

品种权号 CNA20080824.9
授 权 日 2014 年 3 月 1 日
品种权人 湖南亚华种业科学研究院

华恢 564

品种权号 CNA20080825.7
授 权 日 2014 年 3 月 1 日
品种权人 湖南亚华种业科学研究院

中早 39

品种权号 CNA20090727.9
授 权 日 2014 年 3 月 1 日
品种权人 中国水稻研究所

隆科 638S

品种权号　CNA20090950.7
授 权 日　2014年3月1日
品种权人　湖南亚华种业科学研究院

宁 8006

品种权号　CNA20090795.6
授 权 日　2014年3月1日
品种权人　江苏省农业科学院

宁 7023

品种权号　CNA20090796.5
授 权 日　2014年3月1日
品种权人　江苏省农业科学院

中3优810

品种权号　CNA20080567.3
授 权 日　2014年3月1日
品种权人　中国水稻研究所

宁 5069

品种权号　CNA20090797.4
授 权 日　2014年3月1日
品种权人　江苏省农业科学院

宁 5059

品种权号　CNA20090798.3
授 权 日　2014年3月1日
品种权人　江苏省农业科学院

金优 1398

品种权号　CNA20080393.X
授 权 日　2014年3月1日
品种权人　福建省三明市农业科学研究所

南粳 49

品种权号　CNA20090959.8
授 权 日　2014年3月1日
品种权人　江苏省农业科学院

南粳 51

品种权号　CNA20090960.5
授 权 日　2014年3月1日
品种权人　江苏省农业科学院

龙 S

品种权号　CNA20080813.3
授 权 日　2014年3月1日
品种权人　湖南农业大学

科优 73

品种权号　CNA20100473.2
授 权 日　2014年3月1日
品种权人　江汉大学

R106

品种权号 CNA20090970.3
授 权 日 2014年3月1日
品种权人 湖北省农业科学院粮食作物研究所

甬优 12

品种权号 CNA20090991.8
授 权 日 2014年3月1日
品种权人 宁波市农业科学研究院
宁波市种子有限公司

甬优 13

品种权号 CNA20090992.7
授 权 日 2014年3月1日
品种权人 宁波市农业科学研究院
宁波市种子有限公司

晶 4155S

品种权号 CNA20090949.1
授 权 日 2014年3月1日
品种权人 湖南亚华种业科学研究院

R7723

品种权号 CNA20100474.1
授 权 日 2014年3月1日
品种权人 江汉大学

金汇 A

品种权号 CNA20090538.8
授 权 日 2014年5月1日
品种权人 上海交通大学

吉粳 505

品种权号 CNA20080253.4
授 权 日 2014年9月1日
品种权人 吉林吉农水稻高新科技发展有限责任公司

吉粳 506

品种权号 CNA20080254.2
授 权 日 2014年9月1日
品种权人 吉林吉农水稻高新科技发展有限责任公司

吉粳 802

品种权号 CNA20080255.0
授 权 日 2014年9月1日
品种权人 吉林吉农水稻高新科技发展有限责任公司

垦稻 2016

品种权号 CNA20080134.1
授 权 日 2014年9月1日
品种权人 河北省农林科学院滨海农业研究所

宜恢 4245

品种权号　CNA20090092.6
授 权 日　2014 年 9 月 1 日
品种权人　宜宾市农业科学院

镇稻 15 号

品种权号　CNA20100441.1
授 权 日　2014 年 9 月 1 日
品种权人　江苏丰源种业有限公司
江苏丘陵地区镇江农业科学研究所

长白 18 号

品种权号　CNA20080257.7
授 权 日　2014 年 9 月 1 日
品种权人　吉林吉农水稻高新科技发展有限责任公司

吉粳 804

品种权号　CNA20080256.9
授 权 日　2014 年 9 月 1 日
品种权人　吉林吉农水稻高新科技发展有限责任公司

宜香 4245

品种权号　CNA20090091.7
授 权 日　2014 年 9 月 1 日
品种权人　宜宾市农业科学院

北 0888

品种权号　CNA20100739.2
授 权 日　2014 年 9 月 1 日
品种权人　黑龙江省北方稻作研究所

镇恢 832

品种权号　CNA20100442.0
授 权 日　2014 年 9 月 1 日
品种权人　江苏丘陵地区镇江农业科学研究所

吉粳 110

品种权号　CNA20080252.6
授 权 日　2014 年 9 月 1 日
品种权人　吉林吉农水稻高新科技发展有限责任公司

F 优 498

授 权 日　2014 年 9 月 1 日
品种权号　CNA20100410.8
品种权人　四川农业大学
江油市川江水稻研究所

Q3A

品种权号　CNA20090587.8
授 权 日　2014 年 9 月 1 日
品种权人　重庆中一种业有限公司
重庆市农业科学院

Q 优 8 号

品种权号 CNA20090588.7
授 权 日 2014 年 9 月 1 日
品种权人 重庆中一种业有限公司
重庆市农业科学院
江苏丰源种业有限公司

北 0706

品种权号 CNA20090111.3
授 权 日 2014 年 9 月 1 日
品种权人 黑龙江省北方稻作研究所

北 0717

品种权号 CNA20090112.2
授 权 日 2014 年 9 月 1 日
品种权人 黑龙江省北方稻作研究所

川香 8108

品种权号 CNA20090102.4
授 权 日 2014 年 11 月 1 日
品种权人 四川天宇种业有限责任公司

春江 47A

品种权号 CNA20080700.5
授 权 日 2014 年 11 月 1 日
品种权人 中国水稻研究所
浙江农科种业有限公司

淮糯 12 号

品种权号 CNA20080089.2
授 权 日 2014 年 11 月 1 日
品种权人 江苏徐淮地区淮阴农业科学研究所

旱优 3 号

品种权号 CNA20070781.7
授 权 日 2014 年 11 月 1 日
品种权人 上海市农业生物基因中心

陵两优 32

品种权号 CNA20101177.9
授 权 日 2014 年 11 月 1 日
品种权人 袁隆平农业高科技股份有限公司
湖南亚华种业科学研究院
中国水稻研究所

千重浪 2 号

品种权号 CNA20070745.0
授 权 日 2014 年 9 月 1 日
品种权人 沈阳农业大学

黔优 568

品种权号 CNA20080224.0
授 权 日 2014 年 11 月 1 日
品种权人 贵州省水稻研究所

花优 14

品种权号 CNA20080510.X
授 权 日 2014年11月1日
品种权人 上海市农业科学院

东南 301

品种权号 CNA20080693.9
授 权 日 2014年11月1日
品种权人 福建省农业科学院水稻研究所

陵两优 611

品种权号 CNA20101176.0
授 权 日 2014年11月1日
品种权人 袁隆平农业高科技股份有限公司
湖南亚华种业科学研究院

长白 19 号

品种权号 CNA20080130.9
授 权 日 2014年11月1日
品种权人 吉林吉农水稻高新科技发展有限责任公司

川农优 498

品种权号 CNA20080749.8
授 权 日 2014年11月1日
品种权人 四川农业大学

R238

品种权号 CNA20090920.4
授 权 日 2014年11月1日
品种权人 海南神农大丰种业科技股份有限公司

株两优 268

品种权号 CNA20080826.5
授 权 日 2014年11月1日
品种权人 湖南亚华种业科学研究院

玉 213

品种权号 CNA20090921.3
授 权 日 2014年11月1日
品种权人 玉林市农业科学研究所
海南神农大丰种业科技股份有限公司

神恢 568

品种权号 CNA20090919.7
授 权 日 2014年11月1日
品种权人 海南神农大丰种业科技股份有限公司

奇优 894

品种权号 CNA20080226.7
授 权 日 2014年11月1日
品种权人 贵州省水稻研究所

陵两优 268

品种权号 CNA20080827.3
授 权 日 2014年11月1日
品种权人 湖南亚华种业科学研究院

光灿 1 号

品种权号 CNA20070625.X
授 权 日 2014年11月1日
品种权人 张友光

SV916A

品种权号 CNA20080829.X
授 权 日 2014年11月1日
品种权人 湖南亚华种业科学研究院

陵两优 472

品种权号 CNA20101175.1
授 权 日 2014年11月1日
品种权人 袁隆平农业高科技股份有限公司
湖南亚华种业科学研究院

称星 A

品种权号 CNA20090529.9
授 权 日 2014年11月1日
品种权人 湛江神禾生物技术有限公司

特优 816

品种权号 CNA20090055.1
授 权 日 2014年11月1日
品种权人 广东田联种业有限公司

良丰 A

品种权号 CNA20090571.6
授 权 日 2014年11月1日
品种权人 广西壮族自治区农业科学院水稻研究所

生命之光

品种权号 CNA20090216.7
授 权 日 2014年11月1日
品种权人 今井隆

竞优 A

品种权号 CNA20090572.5
授 权 日 2014年11月1日
品种权人 广西壮族自治区农业科学院水稻研究所

盐 582S

品种权号 CNA20100510.7
授 权 日 2014年11月1日
品种权人 江苏沿海地区农业科学研究所

陆两优 819

品种权号 CNA20080828.1
授 权 日 2014年11月1日
品种权人 湖南亚华种业科学研究院

灵红 A

品种权号 CNA20080843.5
授 权 日 2014年11月1日
品种权人 广西大学

D 优 781

品种权号 CNA20100078.1
授 权 日 2014年11月1日
品种权人 四川农业大学

凯 A

品种权号 CNA20100731.0
授 权 日 2014年11月1日
品种权人 广西桂穗种业有限公司

湘陵 750S

品种权号 CNA20090951.6
授 权 日 2014年11月1日
品种权人 湖南亚华种业科学研究院

山农 601

品种权号 CNA20090971.2
授 权 日 2014年11月1日
品种权人 山东农业大学

华恢 8166

品种权号 CNA20100547.4
授 权 日 2014年11月1日
品种权人 华南农业大学

常 01-11A

品种权号 CNA20090928.6
授 权 日 2014年11月1日
品种权人 常熟市农业科学研究所

玉 米

ZeamaysL.

金刚 29 号

品种权号 CNA20070557.1

授 权 日 2014 年 1 月 1 日

品种权人 辽阳金刚种业有限公司

品种来源 以自选系 2016-1-1-2 为母本，以自选系 9062 为父本杂交组配而成。其中，母本是以引自沈阳市农科院的沈 137 为母本，以 7808（铁 7922 × 掖 478）为父本杂交后经连续自交 6 代选育而成。父本是以引自丹东农科院的丹 360 变异株经 6 代自交选育而成的 8415 为母本，以引自丹东市农科院的 E28 为父本杂交后自交 4 代，再回交 1 代 8415，经连续自交 6 代选育而成。

审定情况 辽审玉 [2006] 第 302 号。

特征性状 幼苗叶鞘紫色，叶片绿色，叶片数 21 片。生长势强，株型半紧凑，株高 295 cm，穗位 121 cm，穗长 24.0 cm，穗粗 5.5 cm，穗行数 16 ～ 18 行，穗轴白色。籽粒马齿型，大粒型，百粒重 45 ～ 50 g，出籽率 84.6%。

品质测定 粗蛋白为 9.90%，粗脂肪为 4.58%，粗淀粉 72.51%，赖氨酸 0.33%，容重 695.8 g/L。

抗性表现 经 2005—2006 两年人工接种鉴定，中抗大斑病（变幅 1 ～ 5 级），抗灰斑病（变幅 1 ～ 3 级），感弯孢菌叶斑病（变幅 1 ～ 7 级），中抗青枯病（变幅 1 ～ 5 级），抗丝黑穗病（病株率变幅 0.0% ～ 2.0%）。

产量表现 2005、2006 两年省区域试验平均亩产 628.2 kg；2006 年省生产试验，平均亩产 622.5 kg。

适宜区域 适宜于辽宁全省，吉林中南部，东华北春播区，云贵川春播区种植。

• 金刚 29 号田间群体

CMSES 郑 58

品种权号 CNA20070576.8

授 权 日 2014 年 1 月 1 日

品种权人 堵纯信 曹春景 曹 青 毕蒙蒙

品种来源 以 CMS – ES 综 3 为母本，以郑 58 为父本进行杂交，然后用郑 58 为轮回亲本进行多次回交、选择，育成的玉米不育系。

特征性状 郑州地区春播生育期 123 d，株高 140 cm 左右，15 ～ 16 片叶，叶色淡绿，叶片较窄，穗位以上叶片与茎秆夹角小，叶片上冲，叶尖下坡。雄穗分枝4～5个，主轴和分枝上着生稀疏扁化的小穗，花药退化、干瘪，内无花粉，花颖关闭，不开裂，果穗柄较短与茎夹角小，花丝茸毛微红色。果穗筒型，穗长16～17 cm，穗粗4.5～4.8 cm。籽粒橘黄色偏硬粒，籽粒顶端橘黄色，穗轴白色，结实性好，出籽率高。

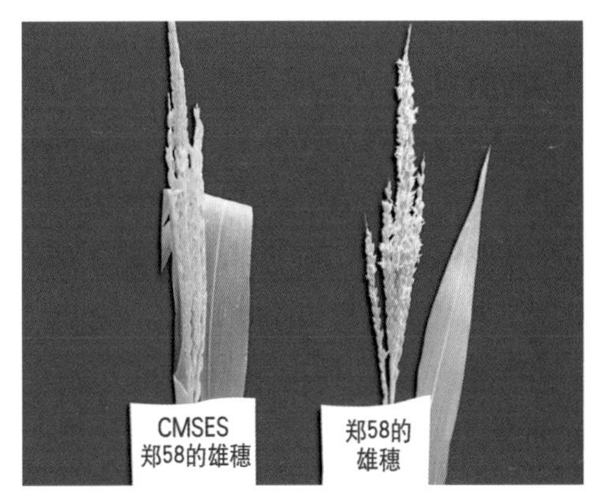

• **CMSES 郑 58 和郑 58 雄穗**

• **CMSES 郑 58 单株**

品质测定 千粒重320 g左右，品质好。

抗性表现 根系发达，耐肥、耐旱，抗倒性强，抗大、小叶斑病，青枯病和黑粉病。

产量表现 一般产量6 000 kg/hm^2，高产田可达7 500 kg/hm^2。

适宜区域 适宜于黄淮海地区夏播及西北、东北春玉米地区繁殖和配制杂交种。

延单 2000

品种权号 CNA20080278.X

授 权 日 2014年1月1日

品种权人 延安延丰种业有限公司 杜翠萍

品种来源 以DY288为母本，以DY001为父本杂交组配育成。其中，母本是以美国78599杂交种中选育的自交系，经过8代自交选育而成。父本是一个外引黄改系与自选育的一个黄改系dy9280杂交选育而成。

审定情况 陕审玉2007001号。

特征性状 春播生育期118～120 d，夏播生育期98～103 d，株高260～285 cm，穗位高85～105 cm。穗长23～26 cm，穗轴白色，穗行数16～20行，行粒数38～45粒，百粒重42 g，出籽率89.5%。籽粒半马齿，角质含量高，品种佳。抗旱、抗病、抗倒性好。

品质测定 经陕西省农产品质量检验检测中心检测结结果；溶重771.8 g/L，

粗蛋白（干基）含量 8.7%，粗脂肪（干基）含量 3.95%，粗淀粉（干基）含量 69.7%，赖氨酸含量 0.318%。

抗性表现 高抗穗粒腐病和大、小斑病，抗青枯病，抗倒伏。

产量表现 春播区一般平均每公顷产量为 11 250 ～ 12 750 t。

适宜区域 适宜于陕西省春播区及同类生态区种植。

• 延单 2000 果穗

延单 208

品种权号 CNA20080279.8

授 权 日 2014 年 1 月 1 日

品种权人 延安延丰种业有限公司 杜翠萍

品种来源 以 DY206 为母本，以 DY201 为父本杂交组配育成。其中，母本是由引自辽宁省农科院的自交系 5005 与掖 478 杂交后再与掖 478 回交 2 代，然后经连续 8 代自交选择育成；父本是由 Lx9801 与 DY001 杂交后再与 Lx9801 回交 3 代，然后经连续 8 代自交选育而成。

审定情况 陕审玉 2008005 号。

特征性状 生育期 98 ～ 100 d，株高 250 ～ 280 cm，穗位高 80 ～ 100 cm。穗长 23 ～ 26 cm，穗行数 16 ～ 18 行，无秃尖，穗轴红色，行粒数 40 ～ 48 粒，百粒重 40 g，出籽率 89.5%。籽粒黄色马齿型，角质含量高。

品质测定 经陕西省农产品质量检验检测中心检测结结果：溶重 769.8 g/L，粗蛋白（干基）含量 9.1%，粗脂肪（干基）含量 4.0%，粗淀粉（干基）含量 68.9%，赖氨酸含量 0.358%。

抗性表现 高抗茎腐病和大、小斑病，抗穗粒腐病。

产量表现 在陕西关中夏播区一般平均每公顷产量为 10 200 ～ 10 890 t。

适宜区域 适宜于陕西关中夏播区及同类生态区种植。

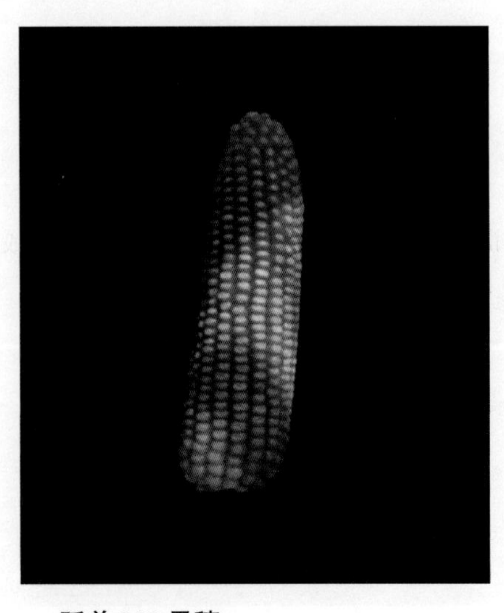

• 延单 208 果穗

丰糯 33

品种权号　CNA20080426.X

授 权 日　2014 年 1 月 1 日

品种权人　贵州省兴义市吉丰种业有限责任公司

审定情况　黔审玉 2008019 号。

品种来源　黔西南州种子管理站退休职工严志伟于 2003 年以自选系紫 12 作母本，以自选系糯 32 为父本杂交组配而成糯玉米杂交种。

特征性状　播种至采收鲜玉米生育期 108 d 左右。幼苗叶尖圆形，雄花护颖红色，雌穗花丝红色。株高 261.7 cm，穗位高 119.8 cm。果穗长锥型，穗长 21.9 cm，穗粗 4.7 cm，秃尖长 2.6 cm，穗行数 13.3 行，行粒数 35.2 粒。粒色紫白相间，鲜百粒重 37.6 g。

品质测定　感观和蒸煮品质现场鉴评综合评价，2006 年为 77.0 分；2007 年为 76.75 分。经农业部谷物品质监督检验测试中心测试：支链淀粉含量占总淀粉为 98.23%，粗蛋白 11.13%，色氨酸 0.12%，赖氨酸 0.33%。

抗性表现　经四川省农业科学院植保所鉴定，抗纹枯病，中抗茎腐病，感大斑病、小斑病和丝黑穗，感玉米螟。

产量表现　2006 年省区试鲜食玉米组平均亩产 808.5 kg；2007 年省鲜食玉米组续试平均亩产 826.7 kg，两年平均亩产 817.6 kg。

适宜区域　适宜于贵州省的中上等肥力土壤作鲜食玉米种植。在大斑病、小斑病和丝黑穗病常发区慎用。

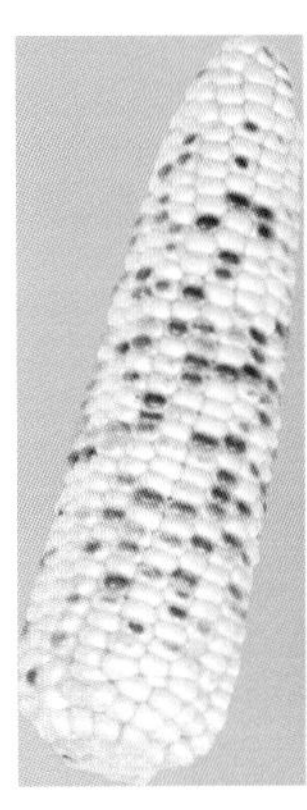

• 丰糯 33 果穗　　丰糯 33 群体

XZ037162

品种权号　CNA20080512.6

授 权 日　2014 年 1 月 1 日

品种权人　重庆三峡农业科学院

品种来源　以华中农业大学选育的华玉 4 号为基础材料，采用系谱法，经连续多代自交选育而成的自交系。

特征性状　株高 200 cm，穗位高 90 cm，雄穗分枝 3 ～ 8 个，护颖绿色，花药黄色，花丝绿色。果穗长筒型，穗长 13 ～ 15 cm，穗粗 4.5 cm，每穗行数 16 ～ 20 行，每行粒数 25 ～ 30 粒，百粒重 19.8 g，穗轴白色，出籽率 80%。籽粒黄色，粒型半硬粒型。

品质测定　籽粒粗淀粉含量 70.4%，粗脂肪含量 4.1%，粗蛋白质含量 11.5%。

抗性表现　中抗大斑病、小斑病和纹枯病，抗茎腐病，感丝黑穗病。

产量表现　一般繁殖田每亩种植 4 000 ～ 4 200 株，可产种子 250 kg 以上。

适宜区域 适宜于西南玉米区作亲本使用。

• XZ037162 果穗

紫 12

品种权号 CNA20080604.1

授 权 日 2014 年 1 月 1 日

品种权人 贵州省兴义市吉丰种业有限责任公司

品种来源 1997 年以贵州本地高山黑糯玉米品种为基础材料，经自交 6 代选育而成的自交系。

特征性状 幼苗淡红色，叶鞘紫色。成株期叶片半举，株高 170 cm，穗位高 90 cm。雄穗大小中等，护颖紫色、花丝红色。果穗锥型，穗轴白色，籽粒深紫色、硬粒、糯质。

• 紫 12 果穗及籽粒

• 紫 12 田间群体

苏玉 23 号

品种权号 CNA20080638.6

授 权 日 2014 年 1 月 1 日

品种权人 淮安市金色天华种业科技有限公司

审定情况 苏审玉 200702。

品种来源 以 H20 为母本，以 N38 为父本杂交配组而成的中熟半紧凑型普通玉米单交种。

特征性状 全生育 98 d 左右。出苗快而齐，苗势强，生长势强，幼苗叶鞘紫红色，叶片绿色，叶缘紫色。株型半紧凑，株高 220 cm 左右，成株叶片 19 片，花药紫色、颖片紫色、花丝红色。穗位 90 cm 左右，穗长约 19.5 cm，穗粗 4.7 cm，每穗 16 ～ 18 行，每行 30 粒左右。籽粒黄色，粒型中间偏硬粒型，千粒重 307 g。根系发达，茎秆健壮，植株清秀、活秆成熟。植株较紧凑，穗位以上叶片，自下而上逐渐变小，叶片上冲、田间通风透光好，耐密植，穗轴细，出籽率高，稳产性好。

抗性表现 大面积种植表现，抗病抗倒性强，中抗大斑病、高抗小斑病，对瘤黑粉病、粗缩病、茎基腐病有良好的抗病及耐病性。

产量表现　自推广种植以来，根据大面积生产上的实际种植状况，亩产600 kg左右。2013年参加江苏好品种评比，示范面积600亩，取样田块面积20亩，经江苏省种子站组织专家联合验收，实测亩产757.35 kg。

适宜区域　适宜于江苏夏播地区及安徽沿淮和淮北地区夏播种植。

• 苏玉23号支持根　　苏玉23号果穗

• 苏玉23号抗倒伏表现

龙育2号

品种权号　CNA20080640.8

授 权 日　2014年1月1日

品种权人　黑龙江省农业科学院草业研究所

品种来源　以T281为母本，以外引系GY237为父本杂交组配而成的中早熟高油玉米单交种。

特征性状　在适宜种植区出苗至成熟121 d左右，需有效活动积温2 430℃左右。幼苗发苗快，幼苗绿色，叶鞘紫色，叶片颜色深绿，全株19片叶，茎秆绿色，花丝绿色，花药绿色，花粉量大。株高295 cm，穗位高95 cm。果穗圆筒型，穗长23.0 cm，穗粗4.7 cm，穗行数14～16行，穗轴白色。籽粒黄色，籽粒半马齿型，百粒重38 g。适应性广，商品品质好，抗旱、耐涝、抗倒伏。

产量表现　2003—2004年参加黑龙江省区域试验，两年平均公顷产量9 048.7 kg，2005年参加黑龙江省生产试验平均公顷产量9 250.79 kg。

适宜区域　适宜于黑龙江省第二积温带的平川地及岗地种植。

龙育糯1号

品种名称　龙育糯1号

品种权号　CNA20080641.6

授 权 日　2014年1月1日

品种权人　黑龙江省农业科学院草业研究所

品种来源　2001年以T105为母本，以外引系糯2为父本杂交组配而成的糯玉米单交种。

特征性状　在适宜种植区生育日数为110 d左右，需≥10℃活动积温2 250℃左右；籽粒乳熟末期生育日数73 d。幼苗期第一叶鞘紫色，叶片绿色，茎绿色。株高 245.0 cm、穗位高 100.0 cm，果穗圆锥型，穗轴白色，成株叶片数 18，穗长 19.6 cm、穗粗 5.0 cm，穗行数 14 ～ 16 行，籽粒浅黄色。

品质测定 2006 年经专家鉴定龙育糯 1 号外观品质优良，果皮薄，黏度较高，鲜食口感优良，适口性好，丰产性较好。

产量表现 2005—2006 年在黑龙江省糯玉米区域试验，两年平均每公顷产量 7 890.4 kg，2007 年在黑龙江省糯玉米生产试验，平均每公顷产量 7 556.8 kg。

适宜区域 适宜于黑龙江省第二积温带作籽粒类型种植、第一至第三积温带的平川地及岗地作青食玉米种植。

• 龙育糯 1 号田间群体

良玉 88 号

品种权号 CNA20080651.3

授 权 日 2014 年 1 月 1 日

品种权人 丹东登海良玉种业有限公司

品种来源 2004 年以良玉 M54 为母本，以良玉 S122 为父本杂交组配而成。其中，母本是 2001 年用美国杂交种 × 铁 7922 组配成基础材料，采用系谱法经 8 代南繁北育于 2005 年选育而成。父本是 2000 年冬用掖 H201/ 丹 340// 丹 340 组配成基础材料，采用系谱法经 8 代南繁北育于 2004 年选育而成。

特征性状 种子橙黄色，半马齿型，百粒重 32.5 g。出苗至成熟 130 d，需 ≥ 10℃积温 2 850℃左右。幼苗叶片绿色，叶鞘淡紫色，叶缘紫色。株高 285 cm，穗位 105 cm，株型清秀紧凑，成株叶片 21 片，花药浅紫色，花丝粉色。果穗筒型，穗长 21.5 cm，穗行数 16 ～ 20 行，单穗粒重 315.9 g，秃尖 0.8 cm。籽粒黄色，半马齿型，百粒重 45.2 g。容重 732 g/L。

• 良玉 88 号单株

抗性表现 高抗病毒病、丝黑穗病、抗大小斑病、玉米螟。

产量表现 2006年参加辽宁省多点鉴定试验平均公顷产量10 977.8 kg；2007年小区品比试验平均公顷产量10 687.9 kg。

适应区域 凡种植郑单958、先玉335的区域均可种植。

M54

品种权号 CNA20080652.1

授 权 日 2014年1月1日

品种权人 丹东登海良玉种业有限公司

品种来源 2001年以美国杂交种×铁7922组配成基础材料，以抗病、高产为目标经8代南繁北育选育而成中晚熟自交系。

• M54 单株

特征性状 出苗至成熟126 d，需≥10℃积温2 700℃左右。叶鞘紫色，叶片绿色有紫斑，叶缘紫色。株型紧凑，清秀，株高180 cm，穗位高75 cm，茎粗2.6 cm，成株叶片19片，雄穗主轴稍长，分枝数4～7个，花药黄色，花粉黄色，花粉量大，花丝紫色，叶片有抗病病斑。果穗筒型，穗轴紫色，穗行数14～18行，每行粒数30粒左右，排列整齐。籽粒橙红色，马齿型，百粒重29.4 g。

抗性表现 抗倒伏，耐瘠薄，较耐盐碱。高抗玉米大斑病、丝黑穗病、黑粉病、弯孢病、茎腐病。

产量表现 一般每公顷产量5 500.0 kg以上。

适宜区域 适应性广泛，玉米春播、夏播区域均可。

S121

品种权号 CNA20080653.X

授 权 日 2014年1月1日

品种权人 丹东登海良玉种业有限公司

品种来源 1999年以掖H201为母本，以丹340为父本杂交得到F_1，再以其为母本，以掖H204为父本杂交组成基础材料，经辽宁凤城和海南两地连续自交8代选育而成的晚熟自交系。

特征性状 出苗至成熟130 d，需≥10℃积温2 800℃左右。叶鞘紫色，叶片绿色有紫斑，叶缘紫色。株型紧凑，清秀，株高175 cm，穗位80 cm，茎粗2.8 cm，成株叶片19片，雄穗主轴稍长，分枝数11～13个，花药紫色，花粉黄色，花粉量大，花丝浅紫色，叶片有抗病病斑。果穗粗筒型，穗轴白色，穗行数16～18行，每行粒数33粒左右，排列整齐。籽粒橙红色，马齿型，百粒重28.8 g。

抗性表现 抗倒伏，耐瘠薄，较耐盐碱。高抗玉米大斑病、丝黑穗病、黑粉病、弯孢病、茎腐病。

产量表现 一般公顷产量4 500.0 kg以上。

适应区域 适应性广泛，玉米春播、夏播区域均可。

• S121 单株

S122

品种权号 CNA20080654.8

授 权 日 2014年1月1日

品种权人 丹东登海良玉种业有限公司

品种来源 2000年冬以掖H201/丹340//丹340组配成基础材料，以抗病、高产为目标经8代南繁北育选育而成晚熟自交系。

特征性状 出苗至成熟131 d，需≥10℃积温2 850℃左右。叶鞘浅紫色，叶片绿色，叶缘浅紫色。株型紧凑，清秀，株高185 cm，穗位86 cm，茎粗3.1 cm，成株叶片20片。雄穗主轴稍长，分枝数12～14个，花药黄色，花粉黄色，花粉量大，花丝绿色。果穗粗筒型，穗轴白色，穗行数16～20行，每行粒数32粒左右，排列整齐。籽粒橙黄色，马齿型，大粒，百粒重29.2 g。

抗性表现 抗倒伏，耐瘠薄，较耐盐碱。高抗玉米大斑病、丝黑穗病、黑粉病、弯孢病、茎腐病。

产量表现 一般每公顷产量4 500.0 kg以上。

适宜区域 适应性广泛，玉米春播、夏播区域均可。

• S122 单株

三峡玉 1 号

品种权号　CNA20080683.1

授 权 日　2014 年 1 月 1 日

品种权人　重庆三峡农业科学院

品种来源　以 XZ966-14 为母本，以 XZ93-21 为父本杂交选育而成。

审定情况　2007 年重庆市审定，审定编号为：渝审玉 [2007]002 号。

特征性状　全生育期 125 d 左右。株高 282 cm，穗高 125 cm，果穗结实较好，穗长 21.2 cm，穗粗 5.5 cm，穗轴白色，每穗行数 14 ～ 16 行，平均每行粒数 38.1 粒，千粒重 345 g，出籽率 83%。籽粒黄色、半马齿型。

品质测定　籽粒容重 746 g/L，粗蛋白含量 11.60%，粗脂肪含量 4.13%，粗淀粉含量 68.8%，赖氨酸含量 0.36%。

抗性表现　中抗大斑病，抗小斑病，中抗丝黑穗病，中抗纹枯病，抗玉米螟。

• 三峡玉 1 号田间群体

产量表现　2005—2006 两年区域试验平均亩产 589.2 kg。2006 年生产试验平均亩产 575.0 kg。

适宜区域　适宜于重庆中高山区域种植。

屯玉 68

品种权号　CNA20080846.X

授 权 日　2014 年 1 月 1 日

品种权人　北京屯玉种业有限责任公司

品种来源　以 1151 为母本，以 Vs91-3 为父本杂交组配而成。其中，母本来源于 78599，父本由旅 9 与有稃玉米杂交，经辐射处理后育成。

审定情况　晋审玉 2008006。

特征性状　幼苗叶鞘紫色，长势强，第一叶卵圆形。株高 313 cm，穗位 132 cm，花丝紫色，苞叶长且紧，茎秆“之”字形程度弱，雄穗侧枝平展，分枝 8 ～ 14 个。果穗筒型，每穗长 20.0 cm，穗行数 18 ～ 20 行，每行粒数 41 粒，穗轴红色，籽粒黄色，马齿型，百粒重 36.5 g。

• 屯玉 68 单株　　屯玉 68 果穗

品质测定　容重 730 g/L，粗蛋白 12.05%，粗脂肪 5.36%，粗淀粉 71.12%，赖氨酸 0.33%。

抗性表现 高抗青枯病、矮花叶病，抗穗腐病，中抗大斑病和粗缩病，感丝黑穗病。

产量表现 2006—2007 年参加山西省中晚熟玉米品种区域试验，平均产量分别为 11 419.5 kg/hm^2 和 12 021.0 kg/hm^2 两年平均产量 11 720.25 kg/hm^2。2007 年生产试验的平均产量为 11 314.5 kg/hm^2。

适宜区域 适宜于山西春播中晚熟玉米区种植。

• 屯玉 68 田间群体

NH60

品种权号 CNA20090028.5

授 权 日 2014 年 1 月 1 日

品种权人 北京金色农华种业科技有限公司

品种来源 由德国早熟、优质杂交种与美国多个杂交种组成的群体连续自交 8 代育成的中晚熟自交系。

特征性状 全生育期 125 d，耐密性强。幼苗叶鞘紫色，叶片绿色，穗下叶片平展，穗上叶片上冲，株高 180 cm 左右。雌花柱头授粉能力强，果穗筒型，穗长 15.5 cm，穗粗 4.6 cm，穗轴紫色，穗行数 12 ～ 16 行，千粒重 310 g，籽粒橘黄色，半马齿型。出籽率高达 85% 以上。

品质测定 品质较好。

抗性表现 抗逆性强，对风、寒、热、涝都有很好的抗性，抗病性好。

产量表现 一般亩产 350 kg。

• NH60 单株

成玉 888

品种权号 CNA20090395.0

授 权 日 2014 年 1 月 1 日

品种权人 河南大成种业有限公司

品种来源 以成 806 为母本，以成 802 为父本配组杂交而成的单交种。其中，母本是以郑 58 为母本，以 7922 为父本杂交后通过 6 代自交选育而成；父本是以昌 7-2 为母本，以 5237 为父本杂交后通过 6 代自交选育而成。

审定情况 豫审玉 2009003。

特征性状 夏播生育期 98 d 左右。株型紧凑，株高 240 cm，穗位高 100 cm。幼苗叶鞘浅紫色，第一叶尖端卵圆形，全株叶片数 20 ～ 21 片。雄穗分枝数中等，雄穗颖片浅紫色。花药黄色，花丝浅紫色；果穗均匀，穗圆筒－中间型，穗长17.9 cm，穗粗5.1 cm，穗行数14.8行，行粒数36.7粒。籽粒黄色，穗轴白色，半马齿型，千粒重325.8 g，出籽率89.5%。

• **成玉888果穗及籽粒**

• **成玉888田间群体**

品质测定　籽粒粗蛋白9.81%，粗脂肪4.94%，粗淀粉71.92%，赖氨酸0.330%，容重719 g/L。籽粒品质达到普通玉米1等级国标，饲料用玉米二等级国标。

抗性表现　高抗瘤黑粉病（0.0%），抗小斑病（3级）；中抗矮花叶病（26.7%）、茎腐病（17.1%）、弯孢菌叶斑病（5级）；感大斑病（7级），中抗玉米螟（6.4级）。

产量表现　2007年省区域试验，平均亩产554.0 kg；2008年续试，平均亩产638.5 kg；2008年省生产试验，平均亩产597.6 kg。

适宜区域　适宜于河南省各地种植。

L1672

品种权号　CNA20090404.9

授 权 日　2014年1月1日

品种权人　刘文卓

品种来源　以1643与外引系北711杂交后，利用二环系法经过6代自交和系谱选育而成。

特征性状　幼苗第一叶鞘浅绿色，尖端形状卵圆形。植株半紧凑型，株高170～190 cm，穗位100 cm。叶片绿色，总叶片数17片，雄穗分枝2～3个，花药黄色，雌穗花丝青色，果穗锥型，穗轴白色，穗长16 cm，穗粗5 cm，穗行数16～18行。籽粒长硬粒型，橘红色。

抗性表现　高抗茎腐病丝黑穗病，抗大小斑病，抗玉米螟。

产量表现　平均亩产300 kg。

适宜区域　适宜于内蒙东部区≥10℃活动积温2 300℃以上地区种植。

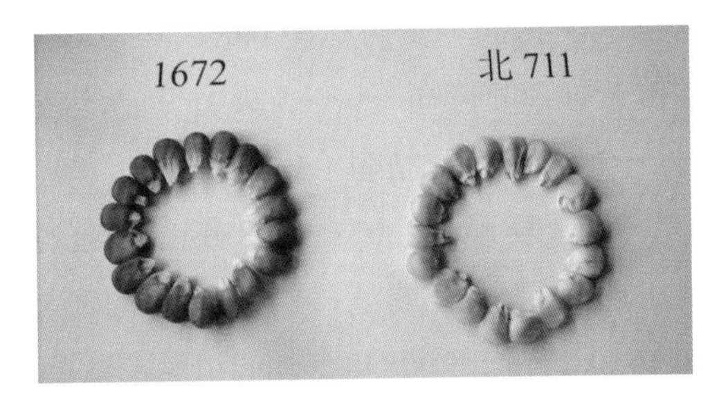

• **L1672和北711籽粒**

铁研 32 号

品种权号 CNA20090582.3

授 权 日 2014 年 1 月 1 日

品种权人 铁岭市农业科学院
辽宁铁研种业科技有限公司

品种来源 2005 年以铁 35425 为母本，以外引自交系 9847 为父本组配而成。其中，母本是 2002 年以外引系 1154 为母本，以丹黄 25 为父本杂交 F_1 为基础材料，连续自交多代选育而成；9847 是含旅大红骨血缘的外引自交系。

审定情况 辽审玉 [2008]391 号。

特征性状 幼苗叶鞘紫色，叶片深绿色，叶缘紫色，苗势中。株型半紧凑，株高 325 cm，穗位高 156 cm，成株叶片数 23 片。花丝淡紫色，雄穗分枝数 14 ～ 18 个，花药绿色，颖壳绿色。果穗锥型，穗柄较长，苞叶中，穗长 23.7 cm，穗行数 16 ～ 22 行，穗轴白色。籽粒黄色，粒型为半马齿，百粒重 33.2 g，出籽率 81.3%。

品质测定 籽粒容重 758.9 g/L，粗蛋白含量 10.06%，粗脂肪含量 5.38%，粗淀粉含量 69.55%，赖氨酸含量 0.31%。

抗性表现 高抗大斑病（1 ～ 1 级），高抗丝黑穗病（发病株率 0.0% ～ 1.0%），中抗弯孢菌叶斑病（1 ～ 5 级），抗灰斑病（1 ～ 3 级），抗青枯病（1 ～ 3 级）。

产量表现 2007—2008 年参加辽宁省玉米晚熟组区域试验，两年平均产量 10 395 kg/hm^2，2008 年参加同组生产试验，平均产量 8 949 kg/hm^2。

适宜区域 适宜于辽宁沈阳、铁岭、丹东、阜新、锦州、朝阳等有效积温在 2 800℃以上的晚熟玉米区种植。

• 铁研 32 号果穗及籽粒

• 铁研 32 号田间群体

良玉 S127

品种权号 CNA20090759.0

授 权 日 2014 年 1 月 1 日

品种权人 丹东登海良玉种业有限公司

品种来源 以（掖 H201× 丹 340）F_1 为母本，以掖 H204 为父本杂交后，采用系谱法，经连续 8 代自交选育而成的晚熟自交系。

特征性状　出苗至成熟 129 d，需 ≥ 10℃积温 2 800℃左右。叶鞘紫色，叶片绿色有紫斑，叶缘紫色。株型紧凑清秀，株高 170 cm，穗位 85 cm，茎粗 3.2 cm，成株叶片 18 片，雄穗主轴稍长，分枝数 9 ～ 13 个，花药浅紫色，花粉黄色，花粉量大，散粉时间长，花丝浅紫色，叶片有抗病病斑。果穗粗筒型，穗轴白色，每穗行数 16 ～ 18 行，每行粒数 32 粒左右，排列整齐。籽粒橙红色，半马齿型，百粒重 27.6 g。

抗性表现　抗倒伏，耐瘠薄，较耐盐碱。高抗玉米大斑病、灰斑病、丝黑穗病、黑粉病、弯孢病、茎腐病。

产量表现　一般公顷产量 4 500.0 kg 以上。

适应区域　适应性广泛，玉米春播、夏播区域均可。

• 良玉 S127 单株

良玉 99 号

品种权号　CNA20090760.7

授 权 日　2014 年 1 月 1 日

品种权人　丹东登海良玉种业有限公司

品种来源　2007 年冬以良玉 M03 为母本，以良玉 M5972 为父本杂交组配而成。其中，母本是 2003 年冬用美国杂交种 x1132x 自然穗的混粉 F_1 代 × 郑 58 组配成基础材料，采用系谱法经 8 代南繁北育于 2006 年选育而成。父本是 2003 年冬用丹 598/ 昌 7-2// 昌 7-2 组配成基础材料，采用系谱法经 8 代南繁北育于 2007 年选育而成。

• 良玉 99 号单株

特征性状　出苗至成熟 130 d，需 ≥ 10℃积温 2 850℃左右。幼苗叶片绿色，叶鞘淡紫色，叶缘紫色。株高 265 cm，穗位 105 cm，株型清秀紧凑，成株叶片 20～21 片，花药浅紫色，花丝粉色。果穗筒型，穗长 21.6 cm，穗行数 16～22 行，单穗粒重 310.5 g，出籽率 85.4%。籽粒黄色，半马齿型，百粒重 36.8 g。

品质测定　容重 710 g/L。

抗性表现　高抗病毒病、灰斑病、丝黑穗病、抗大小斑病、玉米螟。

产量结果　2007 年参加省内多点鉴定试验平均每公顷产量 11 064.7 kg；2008 年小区品比试验平均每公顷产量 11 435.8 kg。

适宜区域　凡种植郑单 958、先玉 335 的区域均可种植。

良玉 M53

品种权号　CNA20090761.6

授 权 日　2014 年 1 月 1 日

品种权人　丹东登海良玉种业有限公司

品种来源　2003 年冬用美国杂交种 x1132x 自然穗的混粉 F_1 代 × 郑 58 组配成基础材料，采用系谱法经 8 代南繁北育于 2006 年选育而成的中晚熟自交系。

特征性状　出苗至成熟 125 d，需 ≥ 10℃积温 2 730℃左右。叶鞘紫色，叶片深绿色，叶缘紫色。株型紧凑清秀，株高 175 cm，穗位 95 cm，茎粗 2.8 cm，成株叶片 17～18 片，雄穗主轴稍长，分枝数 4～7 个，花药紫色，花粉黄色，花粉量大，花丝粉红色。果穗粗筒型，穗轴红色，穗行数 14～16 行，每行粒数 32 粒左右，排列整齐。籽粒橙红色，半马齿型，百粒重 28.6 g。

抗性表现　抗倒伏，耐瘠薄，较耐盐碱。抗玉米大斑病、灰斑病、高抗丝黑穗病、黑粉病、弯孢病、茎腐病。

产量表现　一般每公顷产量 5 500 kg 以上。

适宜区域　适应性广泛，玉米春播、夏播区域均可。

• 良玉 M53 单株

良玉 M5972

品种权号　CNA20090762.5

授 权 日　2014 年 1 月 1 日

品种权人　丹东登海良玉种业有限公司

品种来源　2003 年冬用丹 598/ 昌 7-2// 昌 7-2 组配成基础材料，采用系谱法经 8 代南繁北育于 2006 年选育而成的晚熟自交系。

特征性状　出苗至成熟128 d，需≥10℃积温2 800℃左右。叶鞘绿色，叶片绿色，叶缘紫色。株型清秀，株高165 cm，穗位80 cm，茎粗2.8 cm，成株叶片18片，雄穗主轴稍长，分枝数7～11个，花药黄色，花粉黄色，花粉量大，花丝绿色。果穗粗筒型，穗轴白色，穗行数16～20行，每行粒数33粒左右，排列整齐。籽粒橙红色，半马齿型，百粒重26.5 g。

抗性表现　抗倒伏，耐瘠薄，较耐盐碱。高抗玉米大斑病、灰斑病、丝黑穗病、黑粉病、弯孢病、茎腐病。

产量表现　一般每公顷产量4 500 kg以上。

适宜区域　适应性广泛，玉米春播、夏播区域均可。

• 良玉M5972单株

良玉M03

品种权号　CNA20090763.4

授 权 日　2014年1月1日

品种权人　丹东登海良玉种业有限公司

品种来源　2003年冬用美国杂交种x1132x自然穗的混粉F_1代×郑58组配成基础材料，采用系谱法经8代南繁北育于2006年选育而成的中晚熟自交系。

特征性状　出苗至成熟126 d，需≥10℃积温2 750℃左右。幼苗：叶鞘紫色，叶片深绿色，叶缘紫色。植株性状：株型清秀，株高160 cm，穗位70 cm，茎粗2.7 cm，成株叶片17～18片。雄穗主轴稍长，分枝数1～3个，花药紫色，花粉黄色，花粉量大，花丝淡粉色。果穗粗筒型，穗轴浅红色，穗行数14～16行，每行粒数30粒左右，排列整齐。籽粒橙红色，半马齿型，百粒重28.2 g。

• 良玉M03单株

抗性表现　抗倒伏，耐瘠薄，较耐盐碱，抗玉米大斑病、灰斑病、高抗丝黑穗病、黑粉病、弯孢病、茎腐病。

产量表现　一般每公顷产量5 500 kg以上。

适宜区域 适应性广泛，玉米春播、夏播区域均可。

良玉 M02

品种权号 CNA20090764.3

授 权 日 2014 年 1 月 1 日

品种权人 丹东登海良玉种业有限公司

品种来源 2003 年冬用美国杂交种 x1132x 自然穗的混粉 F_1 代 × 郑 58 组配成基础材料，采用系谱法经 8 代南繁北育于 2006 年选育而成的中晚熟自交系。

• 良玉 M02 单株

特征性状 出苗至成熟 124 d，需 ≥ 10℃积温 2 700℃左右。叶鞘紫色，叶片深绿色，叶缘紫色。株型紧凑清秀，株高 170 cm，穗位 80 cm，茎粗 3.0 cm，成株叶片 17 ～ 18 片，雄穗主轴稍长，分枝数 5 ～ 9 个，花药紫色，花粉黄色，花粉量大，花丝粉红色。果穗粗筒型，穗轴红色，穗行数 14 ～ 18 行，每行粒数 32 粒左右，排列整齐。籽粒橙红色，半马齿型，百粒重 27.3 g。

抗性表现 抗倒伏，耐瘠薄，较耐盐碱。抗玉米大斑病、灰斑病、高抗丝黑穗病、黑粉病、弯孢病、茎腐病。

产量表现 一般每公顷产量 5 500 kg 以上。

适宜区域 适应性广泛，玉米春播、夏播区域均可。

中科 982

品种权号 CNA20090912.4

授 权 日 2014 年 1 月 1 日

品种权人 北京联创种业股份有限公司

品种来源 以 CT019 为母本，以 CT9882 为父本杂交组配而成的。其中，母本齐 319/ 沈 137// 齐 319；父本选自 Lx9801/ 鲁原 92//Lx9801。

审定情况 2014 年 1 月通过安徽省审定，审定编号为皖玉 2013005。

特征性状 在安徽省全生育期 99 d 左右。幼苗第一叶鞘紫色。成株株型中间型，株高 255 cm 左右，穗位高 94 cm 左右。雄穗分枝中多，雌穗花丝紫色。果穗筒型，穗长 17 cm 左右，穗行数平均 14 ～ 16 行，穗轴白色，籽粒黄色、硬粒型，百粒重 33.8 g 左右。

抗性表现 抗小斑、南方锈病，中抗茎腐病等病害。

品质测定 经农业部谷物品质监督检验测试中心（北京）检验，粗蛋白（干基）9.89%，粗脂肪（干基）4.62%，粗淀粉（干基）73.30%。

抗性表现 2010年经河北省农业科学院植保所接种鉴定，抗小斑病，中抗南方锈病，中抗茎腐病，高感纹枯病；2011年经安徽农业大学植保学院接种鉴定，中抗茎腐病，中抗小斑病，高抗南方锈病，感纹枯病。

• 中科982单株

• 中科982果穗

产量表现 2010—2011年参加安徽省夏玉米区域试验，两年平均亩产513.25 kg。2012年生产试验亩产560.90 kg。中等以上肥力地块上种植，一般产量8 500 kg/hm^2。

适宜区域 适宜于安徽省江淮丘陵区和淮北区推广种植。

联创9号

品种权号 CNA20090913.3

授 权 日 2014年1月1日

品种权人 北京联创种业股份有限公司

品种来源 以CT1312为母本，以CT289为父本杂交组配而成。其中，母本是以美国杂交种PC1为基础材料，连续自交5代育成；父本选自[（掖502×掖52106）×丹340]。

审定情况 2010年通过湖北省审定，审定编号为鄂审玉2010001；2014年通过湖南省审定，审定编号为湘审玉2014002。

特征性状 在湖北省低山、丘陵及平原地区生育期109 d左右。幼苗第一叶鞘紫色。成株株型半紧凑，株高275 cm左右，穗位高115 cm左右。雄穗分枝5～8个，花药紫色，颖壳紫色。花丝浅紫到紫色。果穗筒型，穗长18 cm左右，穗行数平均16～18行，穗轴红色，籽粒黄色、半马齿型，百粒重27.5 g左右。

品质测定 经农业部谷物品质监督检验测试中心测定，容重753 g/L，粗淀粉（干基）含量72.33%，粗蛋白（干基）含量9.89%，粗脂肪（干基）含量3.59%，赖氨酸（干基）含量0.32%。

抗性表现 湖北省区试田间表现，

大斑病 0.8 级，小斑病 1.4 级，茎腐病病株率 0.4%，锈病 1.2 级，穗粒腐病 1.3 级，纹枯病病指 15.6。湖南省区试田间表现大斑病 1.29 ～ 1.8 级，小斑病 1.29 ～ 2.14 级，纹枯病 1.8 ～ 1.86 级，玉米螟抗性 0.86 ～ 1.8 级；抗倒伏、倒折。

产量表现 2008—2009 年参加湖北省玉米低山平原组品种区域试验，两年区域试验平均亩产 637.47 kg。2012—2013 年参加湖南省玉米区试，平均亩产 539.87 kg。

适宜区域 适宜于湖北省低山、丘陵及平原地区，湖南省全省推广种植。

• 联创 9 号单株

• 联创 9 号果穗及籽粒

陵玉 513

品种权号 CNA20070732.9

授 权 日 2014 年 3 月 1 日

品种权人 李世昌

仁寿县陵州作物研究所

品种来源 以绵 723 为母本，以绵 715 为父本杂交组配而成。其中，母本是以绵 P953 为母本，以成 698-3 为父本杂交组成基础材料，此后经多代自交选育而成的自交系；父本由国外杂交种 CGT-15 为基础材料选育而成的自交系。

• 陵玉 513 单株　　陵玉 513 果穗

特征性状 春播全生育期 129 d，株高 246.8 cm，穗位高 100.6 cm，全株叶片 19 ～ 21 片，穗上部叶片 7 片，株型半紧凑，茎秆紫褐色。幼苗长势强，成株叶片较宽大，穗上叶较疏，叶色浓绿，持绿期长，活秆成熟。根系发达，茎秆坚韧，雄穗分枝 7 ～ 18 个，颖壳绿色，花药浅紫色，花粉量大。花丝浅紫色，吐丝整齐。果穗长筒型，穗轴红色，穗长 20.3 cm 左右，穗行 16 ～ 20 行，每行粒数 36.1 粒，籽粒黄色，马齿型，千粒重 311.9 g，出粒率 85%。

品质测定　粗蛋白质 10%，赖氨酸 0.31%，粗脂肪 4.1%，粗淀粉 74.8%，容重 712 g/L。

抗性表现　人工接种鉴定，中抗大斑病、小斑病、纹枯病、丝黑穗病、茎腐病。

lx027

品种权号　CNA20080006.X

授 权 日　2014 年 3 月 1 日

品种权人　山东省农业科学院玉米研究所

品种来源　以（齐 319 × 5318A）为基础材料，经连续自交多代选育而成的自交系。齐 319 是以美国杂交种 H78599 为基础材料连续自交选育而成的自交系。5318A 是以（齐 318 × 5003）为基础材料连续自交选育而成的自交系。

特征性状　株型半紧凑，株高 205 cm，穗位 70 cm，全株叶片数 18 ～ 20 片，叶色深绿。果穗长 20 cm，穗粗 5 cm 左右，穗轴红色。籽粒偏硬粒，粒色为黄色。

抗性表现　抗倒性强，高抗玉米大、小斑病，锈病，黑粉病，茎腐病，穗腐病，中抗玉米粗缩病。

适宜区域　黄淮海夏播玉米区和其他夏播玉米产区夏直播或套种。

南北 1 号

品种权号　CNA20080202.X

授 权 日　2014 年 3 月 1 日

品种权人　黑龙江省南北农业科技有限公司

品种来源　以江 134 为母本，以北 268 为父本杂交组配而成。

审定情况　黑审玉 2007022。

• 南北 1 号田间群体

• 南北 1 号单株

特征性状 幼苗期第一叶鞘淡紫色，第一叶尖端形状圆形、叶片绿色，茎绿色；株高 260 cm，穗位高 105 cm，果穗圆柱型、穗轴粉色，成株叶片数 16 片，穗长 25 cm，穗粗 5.5 cm，穗行数 16 ～ 18 行，籽粒偏硬粒型、橙黄色。

品质测定 籽粒含粗蛋白 9.43% ～ 9.84%、粗脂肪 3.69% ～ 3.85%、粗淀粉 73.55% ～ 74.69%、赖氨酸 0.27% ～ 0.29%。

产量表现 2005—2006 年区域试验平均公顷产量 9 800.8 kg，2006 年生产试验平均公顷产量 9 878.4 kg。在适宜种植区从出苗到成熟生育日数为 122 d 左右，需 ≥ 10℃活动积温 2 500℃左右。

适宜区域 适宜于黑龙江省第二积温带上限种植。

丰黎 8 号

品种权号 CNA20080267.4

授 权 日 2014 年 3 月 1 日

品种权人 浚县丰黎种业有限公司
河南省粮源农业发展有限公司

品种来源 以 4879 为母本，以 5240 为父本杂交组配而成的单交种。其中，母本是以 488 为母本，以铁 7922 为父本杂交得到 F_1，再以其为母本，以 488 为父本回交一次后，经连续 7 代自交选育而成的自交系；父本是以矮金 525 为母本，以丹 340 为父本杂交后，经连续自交 7 代选育而成的自交系。

审定情况 湘审玉 2007005。

特征性状 湖南春播生育期 108 d 左右。幼苗长势强壮，芽鞘浅紫色。株高 250 cm 左右，总叶片数 20 ～ 21 片，株型半紧凑，雄穗分支长，分支较多，花粉量大，雌穗花丝青色，花期相遇良好。穗位高 90 cm 左右，穗长 18.6 cm，穗行数 17.6 行，穗轴白色，百粒重 30.9 g，出籽率 87% 左右，籽粒黄色，粒型半马齿型。

品质测定 籽粒粗蛋白质含量 9.72%，粗脂肪含量 4.28%，赖氨酸含量 0.314%，粗淀粉含量 71.31%，容重 735 g/L。

抗性表现 倒伏、倒折率分别为 2.0% 和 0.8%。大斑病 2.25 级，小斑病 2.65 级，纹枯病 3.4 级，玉米螟 7.34%。

产量表现 2005 年湖南省区试平均产量 7 932.0 kg/hm^2，2006 年续试平均产量 7 963.5 kg/hm^2。两年区试平均产量 7 950.0 kg/hm^2。

适宜区域 适宜于湖南省全省种植。

• 丰黎 8 号果穗与轴色

东农 254

品种权号　CNA20080691.2

授 权 日　2014 年 3 月 1 日

品种权人　东北农业大学

品种来源　以自交系东 65003 为母本，以 K10 为父本杂交组配而成。

特征性状　高淀粉类型，幼苗期第一叶鞘紫色，第一叶尖端形状圆形、叶片绿色，茎绿色。株高 260 cm、穗位高 90 cm，果穗筒型，穗轴红色，成株叶片数 18，穗长 20 cm、穗粗 5 cm，穗行数 14 ～ 18 行，籽粒马齿型、黄色。

品质测定　籽粒容重 769 g/L，含粗蛋白（干基）9.08% ～ 10.21%，粗脂肪（干基）3.96% ～ 4.45%，粗淀粉（干基）75.04% ～ 75.27%，赖氨酸（干基）0.29% ～ 0.30%。

• 东农 254 单株

抗性表现　接种鉴定结果大斑病 3 级，丝黑穗病发病率 7.1% ～ 12.5%。

产量表现　2006—2007 年区域试验平均每公顷产量 9 176.8 kg；2008 年生产试验平均每公顷产量 9 341.1 kg。

适宜区域　适宜于黑龙江省第二积温带下限，第三积温带上限种植。

京 501

品种权号　CNA20080694.7

授 权 日　2014 年 3 月 1 日

品种权人　北京市农林科学院

品种来源　由 10 个外引杂交种 YCP871、YCP971、YCP872、78653、78576、78580、78599、78698、87001、87004 经过 3 代混粉种植后选育出一个小综合种，选优株后再经连续 6 代自交选择育成。

• 京 501 单株　　　京 501 果穗及籽粒

特征性状　幼苗叶鞘紫色，株型半紧凑，株高 160 cm，穗位 65 cm，雄穗分支数 6 ～ 8 个，花药紫色，花丝绿色，穗长 16 cm，穗行数 12 ～ 14 行，穗粗 4.5 cm，果穗筒型，穗轴白色。籽粒类型硬粒型，籽粒颜色黄色，千粒重 280 g，出籽率 80%。

抗性表现 抗大、小斑病、茎腐病和矮花叶病毒病，抗穗粒腐病。

适宜区域 适宜于北京、天津、河北中北部等种植区中等肥力以上土壤上夏播。

京 2416

品种权号 CNA20080695.5

授权日 2014 年 3 月 1 日

品种权人 北京市农林科学院

品种来源 以京 24 为母本，以 5237 为父本杂交后，经连续 6 代选育而成的自交系。

特征性状 幼苗叶鞘紫色，株型紧凑，株高 162 cm，穗位 83 cm，雄穗分支数 3 ～ 5 个，花药淡紫色，花丝绿色，穗长 15 cm，穗行数 12 ～ 14 行，穗粗 4.5 cm，果穗圆锥型，穗轴白色，籽粒硬粒型，籽粒颜色黄色，千粒重 377 g，出籽率 86%。

• 京 2416 单株　　京 2416 果穗及籽粒

抗性表现 抗大、小斑病、茎腐病和矮花叶病毒病，抗穗粒腐病。

适宜区域 适宜于北京、天津、河北中北部等种植区中等肥力以上土壤上夏播种植。

京花糯 2008

品种权号 CNA20080696.3

授权日 2014 年 3 月 1 日

品种权人 北京市农林科学院

品种来源 2006 年以 N203 为母本，以 ZN6 为父本杂交组配而成。其中，母本是以中国农业科学院选育的糯玉米杂交种中糯 1 号为选系材料经连续自交 8 代选育而成的白粒自交系；父本以中国农业大学选育的糯玉米杂交种紫糯 3 号为选系材料，经连续自交 8 代选育而成的紫粒自交系。

审定情况 京审玉 [2008]015、吉审玉 [2013]037、粤审玉 [2014]001。

特征性状 在北京地区种植播种至鲜穗采收期平均 92 d。株高 271 cm，穗位 108 cm，单株有效穗数 1.0 个，空秆率 2.9%，穗长 21.2 cm，穗粗 4.7 cm，穗行数 14 ～ 16 行，秃尖长 1.3 cm。籽粒紫白色，鲜籽粒千粒重 314.7 g，出籽率 55.3%。在广东地区春植生育期 78 ～ 81 d。株高 194 ～ 204 cm，穗位高 63 ～ 67 cm，穗长 19.0 ～ 19.1 cm，穗粗 4.9 cm，秃顶长 1.0 ～ 1.6 cm。单苞鲜重 301 ～ 327 g，单穗净重 232 ～ 254 g，单穗鲜粒重 154 ～ 164 g，千粒重 327 ～ 334 g，出籽率 64.69% ～ 66.55%，一级果穗率

82%～87%。果穗锥型，籽粒紫白相间。吉林地区：种子紫色，硬粒型，百粒重 25.0 g。幼苗浓绿色，叶鞘紫色，叶缘紫色。株高 292 cm，穗位 135 cm，叶片平展，成株叶片 20 片，花药紫色，花丝粉色。果穗长锥型，穗长 22.5 cm，穗行数 12～18 行，穗轴白色。籽粒紫、白色，半硬粒型，百粒重 38.2 g。中熟品种。出苗至鲜果穗采收 93 d，需≥10℃积温 2 200～2 300℃左右。

品质测定　北京地区籽粒（干基）含粗淀粉 58.64%，粗脂肪 4.26%，粗蛋白 12.89%，赖氨酸 0.31%，支链淀粉/粗淀粉 99.7%。广东地区直链淀粉含量 0.40%～0.52%，果皮厚度测定值 74.35～82.99 μm，适口性评分分别为 85.5 分和 86.8 分。吉林地区经吉林农业大学品质检测，皮渣率 4.14%，粗淀粉含量 65.71%，直链淀粉含量（占总淀粉）2.6%，支链淀粉含量（占总淀粉）97.4%；感官及蒸煮品质品尝鉴定达到鲜食玉米 2 级标准。

抗性表现　广东地区抗病性接种鉴定中抗纹枯病和小斑病；田间调查抗纹枯病和茎腐病，中抗大、小斑病。吉林地区人工接种抗病（虫）害鉴定结果，中抗丝黑穗病，中抗茎腐病，中抗大斑病，中抗弯孢菌叶斑病，感玉米螟虫。

产量表现　北京地区 2 年区试鲜穗平均产量 14 320.5 kg/hm^2；区试鲜籽粒平均产量 7 911 kg/hm^2。生产试验鲜穗产量 14 172 kg/hm^2；鲜籽粒产量 8 853 kg/hm^2。广东地区 2012 年、2013 年 2 年春季参加省区试，鲜苞平均产量分别为 15 105 kg/hm^2 和 15 289.5 kg/hm^2。2013 年春季参加省生产试验，鲜苞平均产量 14 524.5 kg/hm^2。吉林地区 2010 年区域试验鲜穗平均产量 12 234.8 kg/hm^2；2011 年区域试验鲜穗平均产量 13 036.6 kg/hm^2；2 年区域试验鲜穗平均产量 12 635.7 kg/hm^2；2012 年生产试验鲜穗平均产量 13 294.3 kg/hm^2，。

适宜区域　适宜于北京地区作为糯玉米种植。适宜于广东省各地春、秋季种植。吉林省玉米适宜区域。

• 京花糯 2008 果穗

京早糯 188

品种权号　CNA20080697.1

授 权 日　2014 年 3 月 1 日

品种权人　北京市农林科学院

品种来源　2007 年以京糯 6 为母本，以 CN1 为父本杂交组配而成。其中。母本是以中国农业科学院选育的糯玉米杂交种中糯 1 号为选系材料连续自交 6 代选育而成的白粒自交系，父本是以早熟糯玉米农家种为选系材料经连续自交 6 代选育而成的白粒自交系。

审定情况 京审玉 [2011]010。

特征性状 北京地区种植播种至鲜穗采收期平均 90 d，株高 238 cm，穗位 102 cm，单株有效穗数 1.0 个，空秆率 3.62%，穗长 18.8 cm，穗粗 4.9 cm，穗行数 12～14 行，秃尖长 1.2 cm。籽粒颜色白色，鲜籽粒千粒重 376.1 g，出籽率 67.2%。

• 京早糯 188 果穗

品质测定 籽粒（干基）含粗蛋白 11.90%，粗脂肪 5.20%，粗淀粉 63.65%，支链淀粉 / 粗淀粉 99.99%，赖氨酸 0.40%。

产量表现 北京地区两年区试鲜穗平均产量 12 283.5 kg/hm^2，生产试验鲜穗产量 11 179.5 kg/hm^2。

适宜区域 适宜于北京地区作为糯玉米种植。

TM314

品种权号 CNA20080821.4

授 权 日 2014 年 3 月 1 日

品种权人 河南天民种业有限公司

品种来源 由郑 58 的变异株经 4 代自交选择育成。

特征性状 株高 155 cm 左右，穗位高 50 cm，15～16 片叶，叶色淡绿，叶片大大小适中，雄穗分枝 6～9 个且与主轴夹角较小。果穗柄较短与茎夹角小，花丝红色，穗长 17 cm 左右每穗行数 14 行，穗轴白色，籽粒颜色橘黄色，籽粒偏硬马齿型，品质好。

• TM314 果穗

抗性表现 综合抗性好，高抗倒伏。高抗玉米矮花叶病，中抗玉米黑粉和玉米茎腐病，抗大小斑病、粗缩病、弯孢菌病。

产量表现 在黄淮玉米区夏播每公顷产量达 6 900 kg，在甘肃制种产量每公顷可达 8 700 kg。

适宜区域 适宜于黄淮夏玉米区、东北春播玉米区、西北玉米区及海南岛种植。

TM1165

品种权号 CNA20080822.2

授 权 日　2014年3月1日

品种权人　河南天民种业有限公司

品种来源　由美国杂交种33B65的F_1与郑58杂交后，再经5代自交选择育成。

特征性状　株高158 cm左右，穗位高50 cm，14～16片叶，叶色淡绿，叶片较窄，雄穗分枝5～8个且与主轴夹角较小。果穗柄较短与茎夹角小，花丝颜色青色，穗长17 cm左右，每穗行数16行，穗轴红色，籽粒颜色橘红色，偏硬粒型，品质好。

抗性表现　综合抗性好，高抗倒伏。高抗玉米矮花叶病，中抗玉米黑粉和玉米弯孢菌病抗玉米茎腐病、大小斑病、粗缩病。

产量表现　在黄淮玉米区夏播每公顷产量6 450 kg，在甘肃制种每公顷产量可达7 500 kg。

适宜区域　适宜于黄淮夏玉米区、东北春播玉米区、西北玉米区及海南岛种植。

• TM1165 果穗

TM373

品种权号　CNA20080823.0

授 权 日　2014年3月1日

品种权人　河南天民种业有限公司

品种来源　以美引杂交种9622YGCB的F_1与郑58杂交后，再与郑58回交两次，此后经连续6代自交选育而成。

特征性状　株高175 cm左右，穗位高70 cm，16～18片叶，叶色淡绿，叶片较窄且与茎秆夹角较小，雄穗分枝6～10个且与主轴夹角较小。果穗柄较短与茎夹角小，花丝颜色红色，穗长19 cm左右、每穗行数14行，穗轴白色，籽粒颜色橘红色，偏硬粒型，品质好。

抗性表现　综合抗性好，高抗倒伏。高抗玉米矮花叶病，中抗玉米茎腐病。抗玉米黑粉、大小斑病、粗缩病、玉米弯孢菌病。

• TM373 果穗

产量表现 在黄淮玉米区夏播每公顷产量 6 950 kg，在甘肃制种每公顷产量可达 9 000 kg。

适宜区域 适宜于黄淮夏玉米区、东北春播玉米区、西北玉米区及海南岛种植。

金自 L610

品种权号 CNA20090002.5

授 权 日 2014 年 3 月 1 日

品种权人 内蒙古中农种子科技有限公司

品种来源 以郑 58 为母本，以哲 5492 为父本杂交，结合南繁北育，经过连续自交 6 代选育而成的晚熟玉米自交系。

特征性状 第一叶鞘花青甙显色中，第一叶尖端形状匙形；上位穗上叶与茎秆角度小，茎之字形程度弱；花丝颜色杂色，花丝花青苷显色弱；穗柄长度短，果穗长度中，果穗形状圆锥型；籽粒类型马齿型，籽粒顶端颜色黄，籽粒背面颜色橙色，胚乳色橙色，籽粒楔形，籽粒大；穗轴颖片花青苷显色弱，显色强度弱。

• 金自 L610 单株

金自 L610 果穗及籽粒

适宜区域 凡适宜郑 58 种植的地区均能种植。

京科 528

品种权号 CNA20090058.8

授 权 日 2014 年 3 月 1 日

品种权人 北京市农林科学院

品种来源 2004 年以系 90110-2 为母本，以 J2437 为父本杂交组配而成。其中，母本是以外引自交系 C8605-2 的繁制亲本为基础材料，从中分离出变异株，经 6 代自交选育而成；父本是以京 24 × 5237 为基础材料，连续自交 6 代选育而成的自交系。

审定情况 京审玉 2008008，蒙认玉 2011004，津准引玉 2010003。

特征性状 京津唐夏播生育期平均 98 d 左右，春播生育期 125 ～ 127 d。株高 256 cm，穗位 92 cm，穗长 19 ～ 20 cm，穗粗 5.4 cm，穗行数 14 ～ 16 行。籽粒黄色，粒型半硬粒型，千粒重 409 g。

品质测定 籽粒（干基）含粗淀粉 75.50%，粗脂肪 3.74%，粗蛋白 8.71%，赖氨酸 0.275，容重 762 g/L。

抗性表现 抗玉米大斑病、小斑病、矮花叶病等多种病害。

产量表现 2010 年夏玉米生产试验，平均亩产 622.9 kg，2010 年内蒙古自治区生产试验，平均亩产 852.3 kg，高产地块具有亩产 1 000 kg 的增产潜力。

适宜区域 适宜于京津唐夏播玉米区，东北中熟春播玉米区种植。

• 京科 528 果穗

• 京科 528 田间群体

鲁单 9056

品种权号　CNA20090190.7

授 权 日　2014 年 3 月 1 日

品种权人　山东省农业科学院玉米研究所

品种来源　以 Lx00-66 为母本，以 Lx03-2 为父本杂交组配而成。其中，母本是以美国杂交种作为基础材料选育出的自交；父本是以 lx9801 × 昌 7-2 为基础材料经连续 5 代自交选育出的自交系。

审定情况　2009 年通过河北省审定，审定编号为冀审玉 2009008 号。

特征性状　济南点夏播生育期 105 d。株型紧凑，株高 280 cm。幼苗叶鞘紫色，成株叶片数 19 ～ 21，叶片绿色，上位穗上叶姿态为中度下披，茎“之”字型程度为弱到中，雄穗一级侧枝数 7 ～ 11 个，花丝颜色粉红色，花药颜色浅。穗位 110 cm，穗长 18 cm，穗粗 5 cm，每穗行数 12 行，穗轴粗 2.5 cm，果穗圆锥形到中间型，穗轴红色。粒型半马齿型，籽粒颜色黄色，出籽率为 81.7%。

品质测定　据 2008 年河北省农作物品种品质检测中心测定，籽粒粗蛋白 8.84%，赖氨酸 0.3%，粗脂肪 3.99%，粗淀粉 72.23%。

抗性表现　高抗矮花叶病，中抗茎腐病、弯孢菌叶斑病、玉米螟。

产量表现　在 2007 年河北省夏播玉米低密区试 1 组中，平均亩产 651.0 kg。在 2008 年同组区域试验中，平均亩产 666.6 kg。2008 年生产试验中，平均亩产 672.9 kg。

适宜区域　适宜于黄淮海夏播玉米区和其他夏播玉米产区种植。

鲁单 9065

品种权号　CNA20090191.6

授 权 日　2014 年 3 月 1 日

品种权人　山东省农业科学院玉米研究所

品种来源　以 lx06-5 为母本，配制杂交组合（248 × lx00-1）的 F_1 为母本，以 248 为轮回亲本杂交获得 BC_1 为基础材料，经连续自交5代选育而成的自交系；父本是以lx9801×昌7-2为基础材料经连续5代自交选育而成的自交系。

特征性状 夏播生育期100 d，株型半紧凑。株高260 cm，穗位108 cm，全株21片叶。穗类型株型，穗长16 cm，穗粗4.7 cm，穗行数14行。穗轴白色，籽粒颜色黄色，半马齿型。

适宜区域 适宜于黄淮海夏播玉米区和其他夏播玉米产区种植。

鲁单9067

品种权号 CNA20090192.5

授 权 日 2014年3月1日

品种权人 山东省农业科学院玉米研究所

品种来源 以lx03-3为母本，以lx03-2为父本杂交组配而成。其中，母本是以美国未知名杂交种为基础材料经6代自交选育出的自交系；父本是以lx9801×昌7-2为基础材料连续5代，经连续自交选育而成的自交系。

审定情况 2010年通过宁夏回族自治区（以下简称宁夏）审定，审定编号为宁审玉2010006。

特征性状 幼苗叶鞘紫色，茎支持根紫色，颖片基部浅紫色，颖片紫色。成株株型紧凑，株高278 cm，穗位高100 cm，雄穗一级侧枝13～14个，全株21～22片叶，花药浅紫色，花丝红色，果穗柱型，穗长21.5 cm，穗粗5.1 cm，每穗14～16行，每行粒数46粒，穗轴白色。籽粒半马齿型，籽粒颜色黄色，单穗粒重174 g，百粒重32.8 g，出籽率83.2%。

品质测定 经农业部谷物品质监督检验测试中心（北京）测定，籽粒容重776 g/L，粗蛋白9.56%，粗脂肪3.27%，粗淀粉74.42%，赖氨酸0.28%。

抗性表现 中国农业科学院人工接种鉴定，抗大斑病（3级），抗小斑病（3级），感矮花叶病（38.9%），高感茎腐病（50%），感丝黑穗病（21.3%），高感玉米螟（9级）。活秆成熟，茎秆坚韧，高抗倒伏。

产量表现 2008年宁夏套种区试试验平均亩产564.1 kg；单种区域试验平均亩产874.0 kg。2009年套种区试试验平均亩产465.8 kg；单种区域试验平均亩产808.3 kg。2009年灌区生产试验，平均亩产574.0 kg。

适宜区域 适宜于黄淮海和西北玉米区种植。

lx006b

品种权号 CNA20090193.4

授 权 日 2014年3月1日

品种权人 山东省农业科学院玉米研究所

品种来源 以美国未知名杂交种为基础材料，经连续自交7代，于2000年选育成的自交系。

特征性状 济南点夏播生育期105 d左右。株型半紧凑，株高196 cm，穗位62 cm，穗长14.5 cm，穗粗4.0 cm，穗行数 12 ～ 14 行，穗类型株型，穗轴红色。籽粒颜色黄色，半马齿型。

抗性表现　抗玉米大、小叶斑病、锈病、各种病毒病、黑粉病、青枯病等。

适宜区域　适宜于黄淮海夏播玉米区和其他夏播玉米产区种植。

lx033

品种权号　CNA20090194.3

授 权 日　2014 年 3 月 1 日

品种权人　山东省农业科学院玉米研究所

品种来源　以美国未知名杂交种为基础材料，经连续自交 6 代于 2003 年选育出的自交系。

特征性状　株型紧凑，株高 170 cm，穗位 68 cm。穗长 14.3 cm，穗粗 3.7 cm，穗行数 12 行，穗轴白色，粒型硬粒型，籽粒颜色黄色。

抗性表现　高抗黑粉病，锈病，茎腐病，穗腐病，中抗玉米粗缩病。

适宜区域　适宜于黄淮海夏播玉米区和其他夏播玉米产区种植。

lx054

品种权号　CNA20090195.2

授 权 日　2014 年 3 月 1 日

品种权人　山东省农业科学院玉米研究所

品种来源　以美国未知名杂交种为基础材料，经连续 8 代自交选育而成的自交系。

特征性状　幼苗叶鞘紫色，全株叶片数 17 ～ 18，株高 210 cm。花丝粉红色，雄穗分支数 4 ～ 5 个，花药黄色，穗长 16.5 cm，穗粗 4.0 cm，穗行数 14 行，穗类型柱形，穗轴白色，籽粒颜色黄色，半马齿型。

抗性表现　抗斑病、青枯病、锈病、黑粉病，感花叶病病毒。

适宜区域　适宜于黄淮海夏播玉米区和其他夏播玉米产区种植。

lx058

品种权号　CNA20090196.1

授 权 日　2014 年 3 月 1 日

品种权人　山东省农业科学院玉米研究所

品种来源　以美国杂交种为基础材料，经连续自交 6 代于 2005 年选育出的自交系。

特征性状　株型半紧凑，株高 207 cm，穗位高 78 cm。穗长 14 cm，穗粗 3.8 cm，每穗行数 12 行，穗轴红色，籽粒颜色为黄色，半硬粒，。

抗性表现　抗斑病、青枯病、锈病、黑粉病。

适宜区域　适宜于黄淮海夏播玉米区和其他夏播玉米产区种植。

LSC107

品种权号　CNA20090012.3

授 权 日 2014 年 9 月 1 日

品种权人 李世昌

仁寿县陵州作物研究所

品种来源 以 87-1 为母本，以 86-1 为父本杂交后，经海南和四川仁寿两地连续自交 8 代选育而成的自交系。

• LSC107 幼苗 LSC107 植株 LSC107 果穗

特征性状 春播全生育期 113 d 左右。幼苗叶片绿色，第一叶基部紫色。成株叶片绿色，叶缘红色，株型半紧凑。单株总叶 19 ～ 21 片，穗上叶片 7 片左右，顶部常用 1 ～ 2 个不完全叶。叶面有少量白色绒毛，主脉白色。株高 213 cm 左右，穗位高 63 cm。雄穗分枝 7 ～ 12 个，护颖绿色，花药紫色，花粉量大。雌穗花丝绿色。果穗筒型，每穗行数 16 ～ 18 行，每行粒数 28 粒，千粒重 270g，穗轴浅红色，籽粒黄色，半马齿型。

吉农糯 7 号

品种权号 CNA20090045.4

授 权 日 2014 年 9 月 1 日

品种权人 北京金农科种子科技有限公司

品种来源 以 JNX6 为母本，以 JNX22 为父本杂交组配而成。其中母本来源于鲁糯 6 号，父本来源于糯 1 变异株。

审定情况 国审玉 2008024，黔审玉 2012020 号。

特征性状 东北华北春玉米区出苗至鲜穗采收共 92 d。幼苗叶鞘紫色，叶片绿色，叶缘绿色，花药黄色，颖壳绿色。株型平展，株高 260 cm，穗位高 105 cm，成株叶片数 21 片。花丝绿色，果穗长锥型，穗长 21 cm，穗行数 14 行，穗轴白色，籽粒黄色，百粒重（鲜籽粒）41.0 g。

品质测定 经东华北鲜食糯玉米品种区域试验组织专家品尝鉴定，达到部颁鲜食糯玉米二级标准。经吉林农业大学两年品质测定，支链淀粉占总淀粉含量 100%，皮渣率 4.60% ～ 5.32%，达到部颁糯玉米标准（NY/T524-2002）。

抗性表现 抗大斑病和玉米螟，抗茎腐病，中感丝黑穗病。

产量表现 东华北鲜食糯玉米品种区域试验，两年平均鲜穗 15 043.5 kg/hm^2。

金糯 628

品种权号 CNA20090157.8

授 权 日 2014 年 9 月 1 日

品种权人 北京金农科种子科技有限公司

品种来源 以引自中国农科院品种资源所的 H9120-w，以 M28-T 为父本杂交组配而成。

审定情况 国审玉2007034，浙审玉2009005，沪农品审玉米2010第004号。

特征性状 在东华北地区出苗至鲜穗采收共92 d，在黄淮海地区出苗至鲜穗采收共72.5 d。幼苗叶鞘绿色，叶片绿色，叶缘绿色，花药黄色，颖壳绿色。株型松散，株高230～260 cm，穗位高88～110 cm，成株叶片数19片。花丝绿色，果穗筒型，穗长17～19 cm，穗行数16行，穗轴白色。籽粒白色，百粒重（鲜籽粒）34～35 g。每亩适宜密度3 500株左右。

品质测定 支链淀粉占总淀粉含量的98.32%～100.0%，达到部颁糯玉米标准（NY/T524-2002）。

抗性表现 抗茎腐病，中抗大斑病，小斑病，矮花叶病弯孢菌叶斑病和瘤黑粉病，感丝黑穗病。

产量表现 东华北鲜食糯玉米品种区域试验，两年鲜穗产量10 208.5 kg/hm^2，黄淮海糯玉米品种区域试验，两年平均鲜穗产量11 712 kg/hm^2。

• **金糯628果穗**

适宜区域 适宜在北京、天津、河北、山西中南部、辽宁中部、吉林中南部、黑龙江第一积温带、新疆石河子春播区和山东、河南、陕西关中、安徽北部夏播区作鲜食糯玉米品种种植。适宜在上海、浙江作鲜食玉米种植。

联创6号

品种权号 CNA20090029.4

授 权 日 2014年11月1日

品种权人 北京联创种业股份有限公司

品种来源 以CT131为母本，以CT2112为父本杂交组配而成。其中，母本是以郑58/CT01//郑58为基础材料，经连续自交6代育成。父本选自S37×CT203，CT203来源于掖502/丹340//掖52106。

审定情况 冀审玉2009004号。

特征性状 河北省春播生育期122 d左右。幼苗第一叶鞘紫色。成株株型半紧凑，株高275cm左右，穗位高115 cm左右。雄穗分枝数为5～8个，花药紫色，颖壳浅紫色，花丝浅紫色。果穗筒型，穗长19～22 m，穗行数平均18行，穗轴白色，籽粒黄色，粒型中间型，籽粒千粒重349 g。

品质测定 河北省农作物品种品质检测中心测定，籽粒粗蛋白8.98%，赖氨酸0.3%，粗脂肪3.97%，粗淀粉73.43%。

抗性表现 河北省农林科学院植物保护研究所鉴定，2007年高抗大斑病和茎腐病，抗丝黑穗病和弯孢霉叶斑病，感瘤黑粉病和矮花叶病，高感小斑病；2008年抗丝黑穗病，中抗小斑病和弯孢霉中斑病，感大斑病和茎腐病，高抗瘤黑粉病和矮花叶病。

• 联创6号果穗及籽粒

产量表现 2007年河北春播组区域试验平均亩产725.2 kg；2008年同组区域试验，平均亩产713.8 kg。2008年生产试验，平均亩产751.1 kg。

适宜区域 适宜在河北省张家口、承德、秦皇岛和唐山市春播玉米区春播种植。

CT2112

品种权号 CNA20090030.1

授 权 日 2014年11月1日

品种权人 北京联创种业股份有限公司

品种来源 以S37为母本，以CT203为父本杂交后，经自交多代选育出的自交系。其中，父本CT203选自掖502/丹340//掖52106。

特征性状 郑州地区夏播生育期100 d，春播120 d。幼苗第一叶鞘紫色。成株叶片较上冲，雄穗侧枝较弯曲，雄穗一级分枝数5～7个左右，雄穗颖片浅紫色，花药浅紫色，雌穗花丝浅紫色。株高230 cm，穗位90 cm，叶片数为18～19片。穗长14～16 cm，穗粗4.5 cm，穗行数14～16行，果穗近锥型，穗轴白色。籽粒颜色橙色，粒型偏硬粒型。

抗性表现 田间自然表现抗玉米大斑病、小斑病、弯孢菌叶斑病、矮花叶病及茎腐病。

产量表现 一般每公顷产量5 000～5 500 kg。

适宜区域 适宜于在我国黄淮海、海南及西北地区繁殖。

• CT2112果穗及籽粒

金骆驼335

品种权号 CNA20090047.2

授 权 日 2014年11月1日

品种权人 河南金骆驼农业科技有限公司

品种来源 以金158为母本，以外引系昌 7-2 为父本杂交组配而成。其中，母本是以郑 58 与 Mo17 杂交得到，F_1 代为母本，以齐 319 为父本杂交，此后选优株与郑 58 回交后经自交 7 代选育而成的自选系。

特征性状 全生育期 98 ～ 102 d。株高 255 ～ 279 cm，穗位高 115 ～ 131 cm，株高穗位适中，株型紧凑，穗型中间型，穗轴白色。芽鞘色浅紫—紫色，雄穗分枝密，花药浅紫色。穗长 15.9 ～ 16.3 cm，穗粗 4.8 ～ 4.9 cm，穗行数平均 15.2 ～ 15.5 行，每行粒数 32.5 ～ 34.0，出籽率 88.8 ～ 90.10%，千粒重 312.0 ～ 316.7 g。花丝浅紫色。籽粒黄色，粒型半马齿型。

抗性表现 据 2009 年河南农业大学植保系对该品种人工接种抗性鉴定报告，高抗大斑病（1 级），高抗矮花叶病（0%），高抗玉米螟（1 级）中抗小斑病（3 级），中抗弯孢菌叶斑病（5 级），中抗茎腐病（26.9%），感瘤黑粉病（33.4%）。结合田间表现判定，该品种综合抗病性好，中抗玉米螟。

品质测定 粗蛋白质 9.39%，粗脂肪 4.50%，粗淀粉 73.11%，赖氨酸 0.31%，容重 757 g/L。籽粒品质达到普通玉米国标一等级；饲料用玉米国标二等级，高淀粉玉米部标三等级。

产量表现 综合 2007—2009 年三年 32 点次的试验结果显示，平均亩产 602.5 kg，丰产性较好；增产点数：减产点数 =21 ： 11，增产点数比率为 65.6%，稳产性较好。

适宜区域 适宜于河南省各地种植。5 月下旬麦垄套种和麦后直播，一般地力每亩密度 4 000 ～ 4 500 株，高水肥地每亩种植 4 500 ～ 5 000 株左右。

• 金骆驼 335 田间群体

• 金骆驼 335 果穗

• 金骆驼 335 籽粒

东白 501

品种权号 CNA20090094.4

授 权 日 2014 年 11 月 1 日

品种权人 辽宁东亚种业有限公司

品种来源 2002 年冬在海南以 F12 为母本，以 K0325 为父本杂交组配而成。其中，母本是以“D757/D9195”组成的基础材料，经自交两代后形成的白色突变体选育而成，D757 来源于三交种铁 7922/（沈 5003/ 辽轮 753）经连续自交选育而成。D9195 来源于美国杂交种 78599 自交选育而成。父本是从巴西的白色杂交种 X960325 经连续自交选育而成。

审定情况 国审玉 2008017、辽审玉 [2009]420 号、陕引玉 2010007 号、唐认玉 2010007 号。

特征性状 幼苗叶鞘淡紫色，叶片绿色，叶缘白色，苗势中。株型紧凑，株高 279 cm，穗位高 109 cm，成株叶片数 22 ～ 23 片。花丝淡紫色，雄穗分枝数 9 ～ 19 个，花药紫色，颖壳绿色。果穗筒型，穗柄短，苞叶短，穗长 15.9 cm，穗行数 18 ～ 22 行，穗轴粉色。籽粒白色，粒型马齿型，百粒重 32.1 g，出籽率 84.6%。

品质测定 籽粒容重 764.5 g/L，粗蛋白含量 12.28%，粗脂肪含量 5.17%，粗淀粉含量 69.66%，赖氨酸含量 0.26%。

抗性表现 中抗灰斑病（变幅 1 ～ 5 级），抗大斑病（变幅 1 ～ 3 级），抗茎基腐病（变幅 1 ～ 3 级），抗丝黑穗病（病株率变幅 0.0% ～ 2.9%），高感弯孢菌叶斑病（变幅 1 ～ 9 级）。

产量表现 2008 年参加辽宁省中晚熟组区域试验，平均公顷产量 10 648.5 kg，2009 年继续参加同组区域试验，平均公顷产量 11 361 kg，2009 年参加辽宁省中晚熟组生产试验，平均公顷产量 10 905 kg。

适宜区域 适宜于湖北、湖南、贵州和重庆的武陵山区种植；辽宁沈阳、铁岭、丹东、阜新、鞍山、锦州、朝阳等活动积温 2 800℃以上的中晚熟玉米区种植；陕西省及河北省唐山市辖区种植。

• 东白 501 雄穗姿态

• 东白 501 果穗及籽粒

浚单 29

品种权号　CNA20090099.9

授 权 日　2014 年 11 月 1 日

品种权人　鹤壁市农业科学院
河南永优种业科技有限公司

品种来源　2005 年初以自选系浚 313 为母本，以浚 66 为父本杂交组配而成。

审定情况　国审玉 2011012、豫审玉 2009029、陕引玉 2012022、蒙认玉 2012020。

特征性状　夏播生育期 96 d。幼苗根系发达，叶鞘紫色，生长势强。成株株高 250 cm 左右，穗位高 105 cm 左右，叶色深绿，株型紧凑，耐密植。芽鞘紫色，雄穗分枝中等，花药绿色，花丝浅紫色，穗柄较短，苞叶中等，结实性好。单株叶片数 19 ～ 20 片，穗上叶片卷曲，茎支持根紫色。果穗筒型，穗长 16.7 cm，穗粗 5.2 cm，穗行数 16 ～ 18 行，穗轴白色，每行粒数 37 粒，出籽率 90.4%，千粒重 360g。籽粒黄色，粒型半马齿型。

品质测定　籽粒容重 759 g/L，粗蛋白含量 10.19%，粗脂肪含量 4.19%，粗淀粉含量 71.69%，赖氨酸含量 0.31%。

抗性表现　高抗矮花叶病，中抗小斑病、茎腐病和玉米螟。

产量表现　一般每公顷单产 8 000 ～ 10 000 kg，2008 年国家粮食丰产科技工程百亩高产示范方产量高达 14 196.6 kg/hm^2。

适宜区域　适宜于河南，陕西咸阳、关中夏播区，河北保定及以南地区（石家庄除外），山东（枣庄除外），山西运城、江苏北部、安徽阜阳地区夏播种植和内蒙古自治区（以下简称内蒙古）活动积温 2 900℃以上地区种植。

• 浚单 29 植株

阳光 98

品种权号　CNA20090527.1

授 权 日　2014 年 11 月 1 日

品种权人　漯河市阳光种业有限公司

品种来源　以 y98 为母本，以 y96-281 为父本杂交组配而成。

审定编号　豫审玉 2009026。

特征性状　夏播生育期 96 d。株型紧凑，株高 252 cm，穗位高 112 cm。幼苗叶鞘浅紫色，第一叶尖端圆，第四叶叶缘浅紫色，全株叶片 19 ～ 20 片；雄穗分枝短，分枝数中到密，花药浅紫色，花丝紫色；果穗中间型，穗长 15.9 cm，穗粗 4.8 cm，穗轴白色，穗行数 14.5 行，每行粒数 33.5 粒；籽粒红色，粒型半硬粒型，千粒重 312.8 g，出籽率 89.5%。

品质测定　2007 年农业部农产品质量监督检验测试中心（郑州）检测，籽粒粗蛋白质 9.01%，粗脂肪 4.47%，粗淀粉 73.96%，赖氨酸 0.286%，容重 748 g/L。籽粒品质达到普通玉米国标 1 等级；饲料用玉米国标 2 等级；高淀粉玉米部标 3 等级。

抗病鉴定 2007 年河北省农科院植保所接种鉴定，高抗瘤黑粉病（0.0%）、矮花叶病（5.0%），中抗弯孢菌叶斑病（5 级）、茎腐病（20.0%），感大斑病（7 级）、小斑病（7 级），玉米螟（8.0 级）。

产量表现 2007 年省区域试验（4 500 株 / 亩 2 组），平均亩产 587.1 kg，2008 年续试（4 500 株 / 亩 3 组），平均亩产 628.5 kg。2008 年省生产试验（4 500 株 / 亩 2 组），平均亩产 660.2 kg。

适宜地区 适宜于河南省各地种植。

• 阳光 98 植株

苏玉糯 638

品种权号 CNA20090858.0

授 权 日 2014 年 11 月 1 日

品种权人 江苏沿江地区农业科学研究所

品种来源 以 T361 为母本，以 T2 为父本配制的糯玉米单交种。其中，母本 T361 是由（通系 5× 白野四）自交 6 代选择育成的自交系；父本 T2 选自泰国糯玉米群体的自交系。

审定情况 国审玉 2008026。

特征性状 春播出苗至采收 79 d 左右。株型半紧凑，株高 208.5 cm 左右，穗位 86 cm 左右，成株叶片数 18 片左右。雄穗花药紫红色，颖壳青色，雌穗花丝红色。穗轴白色，穗长 20.7 cm 左右，穗粗 4.5 cm 左右，每穗行数 12 ～ 14 行，每行粒数 33 粒左右，籽粒白色，千鲜粒重 377 g 左右，鲜出籽率 67.5% 左右。

品质测定 国家东南区鲜食糯玉米品种区域试验组织的专家品尝鉴定，外观品质和蒸煮品质达到部颁鲜食糯玉米二级标准。理化品质扬州大学农学院检测，支链淀粉占淀粉总量的 98.84%，达到糯玉米标准（NY/T524-2002）。

抗性表现 中国农业科学院作物科学研究所接种鉴定，中抗—感大斑病、中抗—抗小斑病、中抗—高抗茎腐病。

• 苏玉糯 638 植株

产量表现 2006—2007年国家东南鲜食糯玉米组品种区域试验中，两年平均鲜穗产量11 412 kg/hm^2。

适宜区域 适宜于江苏南部、安徽南部、浙江、江西、福建、广东、广西壮族自治区（以下简称广西）、海南作鲜食糯玉米种植。

方玉36

品种权号 CNA20090902.6

授 权 日 2014年11月1日

品种权人 河北德华种业有限公司

品种来源 以F501为母本，以H09为父本杂交组配而成的晚熟单交种。其中，母本是以沈137为母本，以C110为父本杂交组成基础材料，经连续自交6代选育而成的自交系；父本以（Mo17改良系×鲁原92）×郑22为基础材料，经连续自交6代选育而成的自交系。

审定情况 2009年通过内蒙古自治区品种审定，2012年通过辽宁省品种认定，2012年通过宁夏回族自治区品种审定，2013年通过河北省品种审定，2014年通过甘肃省品种审定。

特征性状 中晚熟品种春播128d左右，夏播102 d，需≥10℃有效积温2 800℃。株型上冲抗倒伏，叶鞘紫色，叶色绿；第一叶匙形。株高275 cm，穗位高138 cm，全株24片叶，株形紧凑。果穗整齐均匀无秃尖，穗型长柱型，穗长19.5 cm，穗粗5.5 cm，穗轴红色，每穗行数16～18行，每行粒数39.6粒，穗粒数639粒。粒大品优，单穗粒重332.3 g，出籽率86.5%。籽粒橙黄色，粒型半马齿型，百粒重42.4 g。

品质测定 容重786 g/L，粗蛋白8.77%，粗脂肪4.17%，粗淀粉73.87%，赖氨酸0.30%。

抗性表现 抗大斑病，高感弯孢菌叶斑病，高抗茎腐病，抗玉米螟。超级抗旱，在2009年极度干旱气候条件下，该品种超强的抗旱性，耐瘠薄、适应性广。

产量表现 2010—2011年参加辽宁省玉米晚熟组区域试验，两年平均亩产580.4 kg。2011年参加同组生产试验，平均亩产582.1 kg。2010—2012年参加承德市中熟组预试、区试、生产试验，3年平均亩产814.6 kg。

适宜区域 适宜于内蒙古、辽宁、宁夏、河北、甘肃省（区）中晚熟春播玉米区，东北、西北、西南晚熟春播玉米种植，黄淮海及南方双季玉米首选品种。

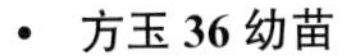

• 方玉36幼苗

方玉36成熟植株

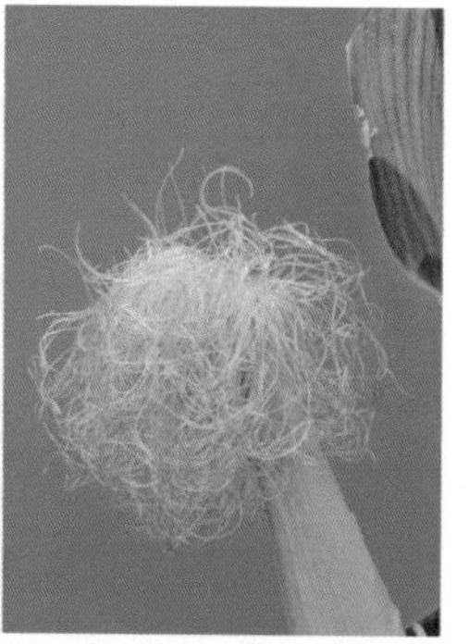

• 方玉 36 雄穗　　方玉 36 花丝

• 方玉 36 果穗和籽粒　　方玉 36 抗旱性

威玉 308

品种权号　CNA20090926.8

授 权 日　2014 年 11 月 1 日

品种权人　威海市农业科学院

品种来源　以 U7A 为母本，以 B124 为父本杂交组配而成。其中，母本是美国杂交种 78599 选系，父本是自选系 B120 变异单株自交选育。

审定情况　2009 年 3 月通过山东省农作物品种审定委员会审定。

特征性状　春播生育期 121 d。株高 277 cm，株型半紧凑，全株叶片数 18 ～ 20 片。幼苗叶鞘紫色，花丝淡紫色，花药淡紫色。穗位 122 cm，果穗筒型，穗长 19.5 cm，穗粗 5.3 cm，穗轴白色，秃顶 2.1 cm，穗行数平均 17.0 行，穗粒数 556 粒，出籽率 85.8%。籽粒黄色，粒型半马齿型，千粒重 373 g。

• 威玉 308 植株

• 威玉 308 果穗

品质测定　2006 年经农业部谷物品质监督检验测试中心（泰安）品质分析：粗蛋白含量 10.2%，粗脂肪含量 4.3%，赖氨酸含量 2.41%，粗淀粉含量 71.93%。容重 728 g/L。

抗性表现　倒伏率 1.1%，倒折率 0.5%。2006 年经河北省农林科学院植物保护研究所抗病性接种鉴定结果为，高抗茎腐病，中抗弯孢菌叶斑病，抗大、小叶斑病，抗矮花叶病，感瘤黑粉病。

产量表现　在 2006—2007 年山东省胶东春播玉米新品种区域试验中，2 年 9 处试点全部增产，平均亩产 593.27 kg。2008 年山东省生产试验平均亩产 602.1 kg。

Y558

品种权号　CNA20090948.2

授 权 日　2014 年 11 月 1 日

品种权人　北京金色农华种业科技有限公司

品种来源　以美国杂交种为基础材料，经多代自交选育而成的自交系。

特征性状　生育期在辽宁 125 d。幼苗叶鞘紫色，叶片绿色，株型紧凑，株高 180 cm，穗位高 83cm，成株叶片 20 片左右；花丝黄绿色，雄穗分枝 2 ～ 4 个，花药浅粉色，果穗筒型，穗长 15.3 cm，穗粗 4.1 cm，穗行数 14 ～ 16 行，穗轴粉色。籽粒黄色，半马齿型。

• Y558 植株

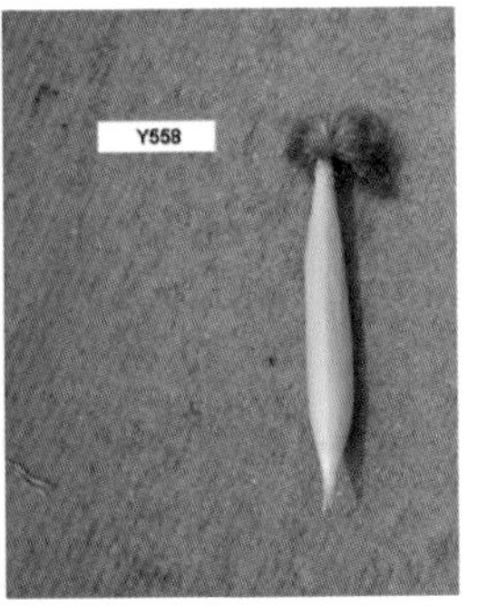

Y558 果穗

抗性表现　抗大斑病、灰斑病、丝黑穗病。抗旱、耐瘠薄。

产量表现　一般亩产 350 kg 以上。

适宜区域　适宜于东华北、西北地区春播种植。

NH08006

品种权号　CNA20100814.0

授 权 日　2014 年 11 月 1 日

品种权人　北京金色农华种业科技有限公司

品种来源　2006 年正季在山东以 H43152 为母本，以外引系丹 360 为父本杂交组配而成。母本是以美国玉米杂交种 X1132X 为基础材料，2004 年在北京 2006 年继续在海南、北京、东北多环境选择优株自交 6 代选育而成的自交系。

• NH08006 和先玉 335 果穗

特征性状　幼苗叶鞘紫色，株型半紧凑，株高 285 cm，穗位 110 cm，总叶片数 22 片，雄穗分枝 6 ～ 10 个，花药浅紫色，花丝浅日光红色。果穗筒型，穗长 21 cm，穗粗 5.3 cm，穗行数 18 行，穗轴红色。籽粒黄色，粒型半马齿型，百粒重 36 g，出籽率 87%。

品质测定　品质较好，容重 755 g/L。

抗性表现　抗大斑病、灰斑病、丝黑穗病。

产量表现　2012年春播区品平均亩产722 kg，2013年春播区品比试验，平均亩产738 kg。

适宜区域　适宜于东华北、黄淮海农大108种植区种植。

• NH08006和先玉335支持根

H43152

品种权号　CNA20100815.9

授 权 日　2014年11月1日

品种权人　北京金色农华种业科技有限公司

品种来源　2003年正季在山东以美国杂交种F_2为基础材料，经连续自交6代选育而成的自交系。

特征性状　幼苗叶鞘紫色，株型紧凑，株高170 cm，穗位高75 cm，总叶片数19片，雄穗分枝2～3个，花丝日光红色，花药紫色。果穗筒型，穗行数14行。籽粒黄色，粒型半马齿型。

抗性表现　抗大斑病、灰斑病、丝黑穗病。

产量表现　一般亩产300 kg。

适宜区域　适宜于东华北、黄淮海、农大108种植区种植。

• H43152和PH6WC果穗

• H43152植株

京科糯928

品种权号　CNA20101097.6

授 权 日　2014年11月1日

品种权人 北京市农林科学院

品种来源 2008年以京糯6为母本，以甜糯6（以SH-251×白糯6为父本杂交配组而成。其中，母本是以中糯一号为选系材料，经6代自交选育的自交系；父本是以SH-251×白糯6为基础材料，经自交6代选育而成的自交系。

审定情况 京审玉[2013]012、渝审玉[2014]012。

• 京科糯928果穗

特征性状 在重庆地区试3 200株/亩密度下，出苗至成熟83.0～109.0 d，平均95.8 d，第一叶鞘浅紫色，株型半紧凑，株高214 cm，穗位高76 cm，叶色绿色，成株叶片数20片，花药黄色，颖壳绿色，花丝粉红色；穗长18.4 cm，穗行数12～14行，每行粒数36.2粒；果穗锥型，穗轴白色，籽粒白色，糯质，硬粒型，鲜籽百粒重35.6 g。北京地区种植播种至鲜穗采收期平均89 d。株高251.7 cm，穗位106.7 cm，单株有效穗数1.0个，空秆率2.6%，穗长21.7 cm，穗粗4.9 cm，穗行数12～14行，每行粒数41粒，秃尖长1.8 cm。粒色白色，鲜籽粒千粒重377.5 g，出籽率64.2%。

品质测定 重庆地区：籽粒粗蛋白含量12.87%，粗脂肪6.66%，粗淀粉62.02%，支链淀粉占总淀粉98.11%，达到部颁糯玉米标准（NY/T524-2002）。经重庆市专家食味品质考察评分，2年平均86.9分，达到部颁鲜食糯玉米二级标准。北京地区：籽粒（干基）含粗蛋白11.33%，粗脂肪5.42%，粗淀粉50.13%，支链淀粉/粗淀粉100%，赖氨酸0.35%。

抗性表现 在重庆地区2年人工接种鉴定，中抗大斑病、纹枯病，感丝黑穗病、穗腐病和玉米螟，高感小斑病和茎腐病。

产量表现 重庆地区：2年区试鲜穗平均产量10 953 kg/hm^2。北京地区：2年区试鲜穗平均产量13 737 kg/hm^2，2年区试鲜籽粒平均产量8 613 kg/hm^2。生产试验鲜穗产量13 402 kg/hm^2；生产试验鲜籽粒平均产量7 935 kg/hm^2。

适宜区域 适宜于重庆市海拔800m以下作菜用或鲜食玉米种植。春播以3月上中旬播种育苗为宜，秋播最迟须保证鲜穗采收期气温在18℃以上。适宜于北京地区作为糯玉米种植。

吉锋 2 号

品种权号 CNA20070301.3
授 权 日 2014 年 1 月 1 日
品种权人 于云春

世宾 28

品种权号 CNA20080015.9
授 权 日 2014 年 1 月 1 日
品种权人 蔡士斌 蔡福龙
李秀兰

宁玉 303

品种权号 CNA20080417.0
授 权 日 2014 年 1 月 1 日
品种权人 江苏金华隆种子科技有限公司

万瑞 1 号

品种权号 CNA20080456.1
授 权 日 2014 年 1 月 1 日
品种权人 陕西黄龙萬福种业有限公司

L239

品种权号 CNA20100255.6
授 权 日 2014 年 1 月 1 日
品种权人 安徽隆平高科种业有限公司

秀青 7511

品种权号 CNA20080440.5
授 权 日 2014 年 1 月 1 日
品种权人 山东秀青种业有限公司

德利农 988

品种权号 CNA20090408.5
授 权 日 2014 年 1 月 1 日
品种权人 德州市德农种子有限公司

中单 815

品种权号 CNA20090742.0
授 权 日 2014 年 1 月 1 日
品种权人 中国农业科学院作物科学研究所

大华玉 2 号

品种权号 CNA20080690.4
授 权 日 2014 年 1 月 1 日
品种权人 江苏省大华种业集团有限公司

金系 865

品种权号 CNA20080589.4
授 权 日 2014 年 1 月 1 日
品种权人 郑州伟科作物育种科技有限公司

万瑞 10 号

品种权号 CNA20080455.3
授 权 日 2014 年 1 月 1 日
品种权人 万福生

景 14

品种权号 CNA20080728.5
授 权 日 2014 年 1 月 1 日
品种权人 邵景坡

三北 23

品种权号 CNA20090735.9
授 权 日 2014 年 1 月 1 日
品种权人 三北种业有限公司

金诚 508

品种权号 CNA20080588.6
授 权 日 2014 年 1 月 1 日
品种权人 河南金苑种业有限公司

金刚 35 号

品种权号 CNA20070558.X
授 权 日 2014 年 1 月 1 日
品种权人 辽阳金刚种业有限公司

金系 522

品种权号 CNA20080587.8
授 权 日 2014 年 1 月 1 日
品种权人 河南金苑种业有限公司

S183

品种权号 CNA20080627.0
授 权 日 2014 年 1 月 1 日
品种权人 山西强盛种业有限公司

景选 120

品种权号 CNA20080731.5
授 权 日 2014 年 1 月 1 日
品种权人 邵景坡

中单 909

品种权号 CNA20090743.9
授 权 日 2014 年 1 月 1 日
品种权人 中国农业科学院作物科学研究所

WFC0296

品种权号 CNA20090523.5
授 权 日 2014 年 1 月 1 日
品种权人 曹丕元 徐英华

金阳光 6 号

品种权号 CNA20090567.2
授 权 日 2014 年 1 月 1 日
品种权人 郯城县种子公司

三北 27

品种权号 CNA20090736.8
授 权 日 2014 年 1 月 1 日
品种权人 三北种业有限公司

LS1

品种权号 CNA20070053.7
授 权 日 2014 年 3 月 1 日
品种权人 松原市利民种业有限责任公司

HD568

品种权号 CNA20090744.8
授 权 日 2014 年 1 月 1 日
品种权人 中国农业科学院作物科学研究所

吉单 278

品种权号 CNA20070074.X
授 权 日 2014 年 3 月 1 日
品种权人 吉林吉农高新技术发展股份有限公司

新引 KX3564

品种权号 CNA20070782.5
授 权 日 2014 年 3 月 1 日
品种权人 德国 KWS 种子股份有限公司

瑞丰 1 号

品种权号 CNA20070208.4
授 权 日 2014 年 3 月 1 日
品种权人 河南瑞希种业有限公司

绵单 581

品种权号 CNA20070611.X
授 权 日 2014 年 3 月 1 日
品种权人 绵阳市农业科学研究院
四川国豪种业股份有限公司

郑单 2201

品种权号 CNA20070771.X
授 权 日 2014 年 3 月 1 日
品种权人 河南省农业科学院

德美亚 2 号

品种权号 CNA20070783.3
授 权 日 2014 年 3 月 1 日
品种权人 德国 KWS 种子股份有限公司

新引 KXA4574

品种权号 CNA20070784.1
授 权 日 2014 年 3 月 1 日
品种权人 德国 KWS 种子股份有限公司

博玉 6 号

品种权号 CNA20080365.4
授 权 日 2014 年 3 月 1 日
品种权人 四平市金穗玉米研究所

爱农玉 2008

品种权号 CNA20080404.9
授 权 日 2014 年 3 月 1 日
品种权人 爱农实业有限公司

山原 1 号

品种权号 CNA20080033.7
授 权 日 2014 年 3 月 1 日
品种权人 山东省农业科学院原子能农业应用研究所
山东大学

耘单 208

品种权号 CNA20080061.2
授 权 日 2014 年 3 月 1 日
品种权人 吉林省金农种业有限责任公司

吉单 528

品种权号 CNA20080293.3
授 权 日 2014 年 3 月 1 日
品种权人 吉林吉农高新技术发展股份有限公司

川单 428

品种权号 CNA20070814.7
授 权 日 2014 年 3 月 1 日
品种权人 四川农业大学

吉单 711

品种权号 CNA20080294.1
授 权 日 2014 年 3 月 1 日
品种权人 吉林吉农高新技术发展股份有限公司

吉单 618

品种权号 CNA20080295.X
授 权 日 2014 年 3 月 1 日
品种权人 吉林吉农高新技术发展股份有限公司

吉单 18

品种权号 CNA20080297.6
授 权 日 2014 年 3 月 1 日
品种权人 吉林吉农高新技术发展股份有限公司

齐 4401

品种权号 CNA20080340.9
授 权 日 2014 年 3 月 1 日
品种权人 山东省农业科学院玉米研究所

巡天 2008

品种权号 CNA20080412.X
授 权 日 2014 年 3 月 1 日
品种权人 宣化巡天种业新技术有限责任公司

ND812

品种权号 CNA20080413.8
授 权 日 2014 年 3 月 1 日
品种权人 固镇县淮河农业科学研究所

先 5

品种权号 CNA20080436.7
授 权 日 2014 年 3 月 1 日
品种权人 吉林省瑞丰种业有限责任公司

中农大 239

品种权号 CNA20080522.3
授 权 日 2014 年 3 月 1 日
品种权人 中国农业大学

新自 349

品种权号 CNA20080474.X
授 权 日 2014 年 3 月 1 日
品种权人 新疆农业科学院粮食作物研究所

新玉 41 号

品种权号 CNA20080475.8
授 权 日 2014 年 3 月 1 日
品种权人 新疆农业科学院粮食作物研究所

新玉 54 号

品种权号 CNA20080476.6
授 权 日 2014 年 3 月 1 日
品种权人 新疆农业科学院粮食作物研究所

金象 3 号

品种权号 CNA20080480.4
授 权 日 2014 年 3 月 1 日
品种权人 甘肃金象农业发展股份有限公司

天育 99

品种权号 CNA20080559.2
授 权 日 2014 年 3 月 1 日
品种权人 成都天府农作物研究所

金岛 1 号

品种权号 CNA20080489.8
授 权 日 2014 年 3 月 1 日
品种权人 葫芦岛市种业有限责任公司

先正达 408

品种权号　CNA20080491.X
授 权 日　2014 年 3 月 1 日
品种权人　先正达（中国）投资有限公司

登海 6105

品种权号　CNA20080555.X
授 权 日　2014 年 3 月 1 日
品种权人　山东登海种业股份有限公司

登海 19

品种权号　CNA20080556.8
授 权 日　2014 年 3 月 1 日
品种权人　山东登海种业股份有限公司

天自 021

品种权号　CNA20080558.4
授 权 日　2014 年 3 月 1 日
品种权人　成都天府农作物研究

登海 3902

品种权号　CNA20080557.6
授 权 日　2014 年 3 月 1 日
品种权人　山东登海种业股份有限公司

农锋 18 号

品种权号　CNA20080561.4
授 权 日　2014 年 3 月 1 日
品种权人　高志云
北京万农先锋生物技术有限公司

DHC16

品种权号　CNA20080598.3
授 权 日　2014 年 3 月 1 日
品种权人　山东登海种业股份有限公司

DHC12

品种权号　CNA20080599.1
授 权 日　2014 年 3 月 1 日
品种权人　山东登海种业股份有限公司

沈玉 29 号

品种权号　CNA20090026.7
授 权 日　2014 年 3 月 1 日
品种权人　沈阳市农业科学院

糯 653

品种权号　CNA20080607.6
授 权 日　2014 年 3 月 1 日
品种权人　淮北市科丰种业有限公司

DHC6

品种权号 CNA20080600.9
授 权 日 2014年3月1日
品种权人 山东登海种业股份有限公司

DHC4

品种权号 CNA20080601.7
授 权 日 2014年3月1日
品种权人 山东登海种业股份有限公司

江育418

品种权号 CNA20080613.0
授 权 日 2014年3月1日
品种权人 北京市中农良种有限责任公司

宁单13号

品种权号 CNA20080619.X
授 权 日 2014年3月1日
品种权人 宁夏绿博种子有限公司

天泰58

品种权号 CNA20080628.9
授 权 日 2014年3月1日
品种权人 山东天泰种业有限公司

J3603

品种权号 CNA20080642.4
授 权 日 2014年3月1日
品种权人 黑龙江省农业科学院玉米研究所

鲁单7055

品种权号 CNA20080708.0
授 权 日 2014年3月1日
品种权人 山东省农业科学院玉米研究所

海玉13

品种权号 CNA20080787.0
授 权 日 2014年3月1日
品种权人 海伦东升种业有限责任公司

登海3769

品种权号 CNA20080754.4
授 权 日 2014年3月1日
品种权人 山东登海种业股份有限公司

D72

品种权号 CNA20080660.2
授 权 日 2014年3月1日
品种权人 衣泰龙

铁研 120

品种权号 CNA20090077.5
授 权 日 2014年3月1日
品种权人 铁岭市农业科学院
辽宁铁研种业科技有限公司

焦单6号

品种权号 CNA20080661.0
授 权 日 2014年3月1日
品种权人 焦作市农林科学研究院

双丰 720

品种权号 CNA20080675.0
授 权 日 2014年3月1日
品种权人 宾县双丰玉米研究所

铁研 309

品种权号 CNA20090080.0
授 权 日 2014年3月1日
品种权人 铁岭市农业科学院
辽宁铁研种业科技有限公司

苏科花糯 2008

品种权号 CNA20080699.8
授 权 日 2014年3月1日
品种权人 江苏省农业科学院

绥系 606

品种权号 CNA20080853.2
授 权 日 2014年3月1日
品种权人 黑龙江省农业科学院绥化分院

登海 2671

品种权号 CNA20080756.0
授 权 日 2014年3月1日
品种权人 山东登海种业股份有限公司

安囤8号

品种权号 CNA20080773.0
授 权 日 2014年3月1日
品种权人 颍泉区兴农小麦杂粮研究所

海玉 12

品种权号 CNA20080786.2
授 权 日 2014年3月1日
品种权人 海伦东升种业有限责任公司

丹玉502号

品种权号 CNA20080832.X
授 权 日 2014年3月1日
品种权人 丹东农业科学院

鲁单 4052

品种权号 CNA20080805.2
授 权 日 2014 年 3 月 1 日
品种权人 山东省农业科学院玉米研究所

TM02A251

品种权号 CNA20080819.2
授 权 日 2014 年 3 月 1 日
品种权人 河南天民种业有限公司

利民 33

品种权号 CNA20090007.0
授 权 日 2014 年 3 月 1 日
品种权人 松原市利民种业有限责任公司

聊 09-4

品种权号 CNA20090135.5
授 权 日 2014 年 3 月 1 日
品种权人 山东中农汇德丰种业科技有限公司

登海 6103

品种权号 CNA20090369.2
授 权 日 2014 年 3 月 1 日
品种权人 山东登海种业股份有限公司

丹 1705

品种权号 CNA20080833.8
授 权 日 2014 年 3 月 1 日
品种权人 丹东农业科学院

苏玉糯 19

品种权号 CNA20080835.4
授 权 日 2014 年 3 月 1 日
品种权人 南京神州种业有限公司

神珠 7 号

品种权号 CNA20090859.9
授 权 日 2014 年 3 月 1 日
品种权人 四川省农业科学院作物研究所
四川一丰种业有限责任公司

中农大 169

品种权号 CNA20080839.7
授 权 日 2014 年 3 月 1 日
品种权人 中国农业大学

聊 10-3

品种权号 CNA20090134.6
授 权 日 2014 年 3 月 1 日
品种权人 山东中农汇德丰种业科技有限公司

登海 661

品种权号　CNA20090370.9
授 权 日　2014 年 3 月 1 日
品种权人　山东登海种业股份有限公司

衡单 6272

品种权号　CNA20090382.5
授 权 日　2014 年 3 月 1 日
品种权人　河北省农林科学院旱作农业研究所

真金 202

品种权号　CNA20090401.2
授 权 日　2014 年 3 月 1 日
品种权人　内蒙古真金种业科技有限公司

DHC22

品种权号　CNA20090585.0
授 权 日　2014 年 3 月 1 日
品种权人　山东登海种业股份有限公司

农乐 168

品种权号　CNA20080751.X
授 权 日　2014 年 3 月 1 日
品种权人　河南先牌种业有限公司

奥玉 12

品种权号　CNA20090938.4
授 权 日　2014 年 3 月 1 日
品种权人　北京奥瑞金种业股份有限公司

OSL089

品种权号　CNA20090939.3
授 权 日　2014 年 3 月 1 日
品种权人　北京奥瑞金种业股份有限公司

OSL122

品种权号　CNA20090940.0
授 权 日　2014 年 3 月 1 日
品种权人　北京奥瑞金种业股份有限公司

OSL048

品种权号　CNA20090942.8
授 权 日　2014 年 3 月 1 日
品种权人　北京奥瑞金种业股份有限公司

Jm2

品种权号　CNA20080842.7
授 权 日　2014 年 3 月 1 日
品种权人　李　平

铁研 29 号

品种权号 CNA20090947.3
授 权 日 2014 年 3 月 1 日
品种权人 铁岭市农业科学院
辽宁铁研种业科技有限公司

苏玉糯 18

品种权号 CNA20090857.1
授 权 日 2014 年 3 月 1 日
品种权人 江苏沿江地区农业科学研究所

丹玉 603 号

品种权号 CNA20080852.4
授 权 日 2014 年 3 月 1 日
品种权人 丹东农业科学院

OSL076

品种权号 CNA20090941.9
授 权 日 2014 年 3 月 1 日
品种权人 北京奥瑞金种业股份有限公司

H396

品种权号 CNA20090536.0
授 权 日 2014 年 3 月 1 日
品种权人 扶余县新春种业有限公司

龙单 54

品种权号 CNA20100376.0
授 权 日 2014 年 3 月 1 日
品种权人 黑龙江省农业科学院玉米研究所

龙单 40

品种权号 CNA20100374.2
授 权 日 2014 年 3 月 1 日
品种权人 黑龙江省农业科学院玉米研究所

龙单 53

品种权号 CNA20100375.1
授 权 日 2014 年 3 月 1 日
品种权人 黑龙江省农业科学院玉米研究所

龙单 52

品种权号 CNA20100404.6
授 权 日 2014 年 3 月 1 日
品种权人 黑龙江省农业科学院玉米研究所

吉科玉 12

品种权号 CNA20100728.5
授 权 日 2014 年 3 月 1 日
品种权人 窦大勇

福园1号

品种权号 CNA20100405.5
授 权 日 2014年3月1日
品种权人 黑龙江省福园农业有限责任公司

银河110

品种权号 CNA20100486.7
授 权 日 2014年3月1日
品种权人 吉林银河种业科技有限公司

苏玉糯10号

品种权号 CNA20100810.4
授 权 日 2014年3月1日
品种权人 江苏沿江地区农业科学研究所

H1588

品种权号 CNA20090535.1
授 权 日 2014年3月1日
品种权人 扶余县新春种业有限公司

强硕68

品种权号 CNA20090802.7
授 权 日 2014年3月1日
品种权人 衣泰龙

满世通526

品种权号 CNA20080612.2
授 权 日 2014年3月1日
品种权人 鄂尔多斯市满世通科技种业有限责任公司
鄂尔多斯市农业科学研究所

辽单120

品种权号 CNA20030140.3
授 权 日 2014年5月1日
品种权人 辽宁省农业科学院玉米研究所
德农种业科技发展有限公司

泛玉6号

品种权号 CNA20080801.X
授 权 日 2014年5月1日
品种权人 河南黄泛区地神种业有限公司

泛玉5号

品种权号 CNA20080802.8
授 权 日 2014年5月1日
品种权人 河南黄泛区地神种业有限公司

四育 17

品种权号 CNA20070651.9
授 权 日 2014年9月1日
品种权人 公主岭市四育种业有限责任公司

秀青 752

品种权号 CNA20080441.3
授 权 日 2014年9月1日
品种权人 山东秀青种业有限公司

四育 36

品种权号 CNA20070652.7
授 权 日 2014年9月1日
品种权人 公主岭市四育种业有限责任公司

四育 80

品种权号 CNA20070653.5
授 权 日 2014年9月1日
品种权人 公主岭市四育种业有限责任公司

凤糯 2146

品种权号 CNA20070697.7
授 权 日 2014年9月1日
品种权人 江苏中江种业股份有限公司

枣玉 8X

品种权号 CNA20080460.X
授 权 日 2014年9月1日
品种权人 朱宗贵 杨玉田 甄铁军

登海 605

品种权号 CNA20080667.X
授 权 日 2014年9月1日
品种权人 山东登海种业股份有限公司

登海 662

品种权号 CNA20080668.8
授 权 日 2014年9月1日
品种权人 山东登海种业股份有限公司

航玉糯八号

品种权号 CNA20090968.7
授 权 日 2014年9月1日
品种权人 张宝树

登海 701

品种权号 CNA20080669.6
授 权 日 2014年9月1日
品种权人 山东登海种业股份有限公司

蠡玉 37

品种权号　CNA20090133.7
授 权 日　2014年9月1日
品种权人　石家庄蠡玉科技开发有限公司

西星甜玉 2 号

品种权号　CNA20101105.6
授 权 日　2014年9月1日
品种权人　山东登海种业股份有限公司

伟科 702

品种权号　CNA20100061.0
授 权 日　2014年9月1日
品种权人　郑州伟科农作物育种科技有限公司
河南金苑种业有限公司

S35

品种权号　CNA20090140.8
授 权 日　2014年9月1日
品种权人　中国农业大学

T872

品种权号　CNA20090566.3
授 权 日　2014年9月1日
品种权人　郯城县种子公司

OSL102

品种权号　CNA20090943.7
授 权 日　2014年9月1日
品种权人　北京奥瑞金种业股份有限公司

登海 6106

品种权号　CNA20090737.7
授 权 日　2014年9月1日
品种权人　山东登海种业股份有限公司

DH382

品种权号　CNA20090169.4
授 权 日　2014年9月1日
品种权人　山东登海种业股份有限公司

M276

品种权号　CNA20101070.7
授 权 日　2014年9月1日
品种权人　陕西秦龙绿色种业有限公司

W10

品种权号　CNA20090569.0
授 权 日　2014年9月1日
品种权人　王晓军

圣瑞 999

品种权号 CNA20101183.1
授 权 日 2014 年 9 月 1 日
品种权人 郑州圣瑞元农业科技开发有限公司

L065

品种权号 CNA20090141.7
授 权 日 2014 年 9 月 1 日
品种权人 中国农业大学

W13

品种权号 CNA20090570.7
授 权 日 2014 年 9 月 1 日
品种权人 王晓军

周单 11 号

品种权号 CNA20090586.9
授 权 日 2014 年 9 月 1 日
品种权人 周口市农业科学院

ZH78

品种权号 CNA20090745.7
授 权 日 2014 年 9 月 1 日
品种权人 赵晓阳

ZH79

品种权号 CNA20090746.6
授 权 日 2014 年 9 月 1 日
品种权人 赵晓阳

迪卡 007

品种权号 CNA20030110.1
授 权 日 2014 年 11 月 1 日
品种权人 北京新千年丰瑞农作物科技开发有限公司

五谷 704

品种权号 CNA20090116.8
授 权 日 2014 年 11 月 1 日
品种权人 甘肃五谷种业有限公司

Qxh0121

品种权号 CNA20080770.6
授 权 日 2014 年 11 月 1 日
品种权人 山东省农业科学院玉米研究所

龙单 42

品种权号 CNA20090179.2
授 权 日 2014 年 11 月 1 日
品种权人 黑龙江省农业科学院玉米研究所

纪元 28 号

品种权号 CNA20080765.X
授 权 日 2014 年 11 月 1 日
品种权人 河北新纪元种业有限公司

五谷 1790

品种权号 CNA20090115.9
授 权 日 2014 年 11 月 1 日
品种权人 甘肃五谷种业有限公司

H1675Z

品种权号 CNA20090621.6
授 权 日 2014 年 11 月 1 日
品种权人 孟山都科技有限责任公司

鲁单 818

品种权号 CNA20080771.4
授 权 日 2014 年 11 月 1 日
品种权人 山东省农业科学院玉米研究所

鲁系 1124

品种权号 CNA20080803.6
授 权 日 2014 年 11 月 1 日
品种权人 山东省农业科学院玉米研究所

沈玉 30 号

品种权号 CNA20090218.5
授 权 日 2014 年 11 月 1 日
品种权人 沈阳市农业科学院

鲁单 6041

品种权号 CNA20080804.4
授 权 日 2014 年 11 月 1 日
品种权人 山东省农业科学院玉米研究所

绥玉 19

品种权号 CNA20090022.1
授 权 日 2014 年 11 月 1 日
品种权人 黑龙江省农业科学院绥化分院

银河 62

品种权号 CNA20090090.8
授 权 日 2014 年 11 月 1 日
品种权人 吉林银河种业科技有限公司

龙单 43

品种权号 CNA20090180.9
授 权 日 2014 年 11 月 1 日
品种权人 黑龙江省农业科学院玉米研究所

B1189Z

品种权号 CNA20090622.5
授 权 日 2014年11月1日
品种权人 孟山都科技有限责任公司

正甜68

品种权号 CNA20070647.0
授 权 日 2014年11月1日
品种权人 广东省农科集团良种苗木中心
广东省农业科学院作物研究所

龙单46

品种权号 CNA20090181.8
授 权 日 2014年11月1日
品种权人 黑龙江省农业科学院玉米研究所

D5970Z

品种权号 CNA20090623.4
授 权 日 2014年11月1日
品种权人 孟山都科技有限责任公司

D8776Z

授 权 日 2014年11月1日
品种权人 孟山都科技有限责任公司

龙单47

品种权号 CNA20090182.7
授 权 日 2014年11月1日
品种权人 黑龙江省农业科学院玉米研究所

龙单50

品种权号 CNA20090185.4
授 权 日 2014年11月1日
品种权人 黑龙江省农业科学院玉米研究所

龙单48

品种权号 CNA20090183.6
授 权 日 2014年11月1日
品种权人 黑龙江省农业科学院玉米研究所

龙单49

品种权号 CNA20090184.5
授 权 日 2014年11月1日
品种权人 黑龙江省农业科学院玉米研究所

博农118

品种权号 CNA20090474.4
授 权 日 2014年11月1日
品种权人 河南省泰隆种业有限公司

龙单 45

品种权号 CNA20090189.0
授 权 日 2014年11月1日
品种权人 黑龙江省农业科学院玉米研究所

中地 77 号

品种权号 CNA20090236.3
授 权 日 2014年11月1日
品种权人 中地种业（集团）有限公司

金秋 963

品种权号 CNA20090574.3
授 权 日 2014年11月1日
品种权人 衡水金秋种业有限责任公司

D3488Z

品种权号 CNA20090624.3
授 权 日 2014年11月1日
品种权人 孟山都科技有限责任公司

天玉 168

品种权号 CNA20100463.4
授 权 日 2014年11月1日
品种权人 河北省宽城种业有限责任公司

龙单 51

品种权号 CNA20100403.7
授 权 日 2014年11月1日
品种权人 黑龙江省农业科学院玉米研究所

HCL645

品种权号 CNA20090626.1
授 权 日 2014年11月1日
品种权人 孟山都科技有限责任公司

伟科 606

品种权号 CNA20090711.7
授 权 日 2014年11月1日
品种权人 郑州市伟科作物育种科技有限公司
河南金苑种业有限公司

凉单 8 号

品种权号 CNA20100364.4
授 权 日 2014年11月1日
品种权人 凉山州西昌农业科学研究所

G1718Z

品种权号 CNA20090627.0
授 权 日 2014年11月1日
品种权人 孟山都科技有限责任公司

蠡玉 68

品种权号　CNA20100066.5
授 权 日　2014 年 11 月 1 日
品种权人　石家庄蠡玉科技开发有限公司

忻玉 110

品种权号　CNA20060670.0
授 权 日　2014 年 11 月 1 日
品种权人　河南亿达种子科技有限公司
山西省农业科学院玉米研究所

曲辰八号

品种权号　CNA20090628.9
授 权 日　2014 年 11 月 1 日
品种权人　云南曲辰种业有限公司

N21

品种权号　CNA20090738.6
授 权 日　2014 年 11 月 1 日
品种权人　张文君

H09

品种权号　CNA20090904.4
授 权 日　2014 年 11 月 1 日
品种权人　方　华

巡天 969

品种权号　CNA20100497.4
授 权 日　2014 年 11 月 1 日
品种权人　宣化巡天种业新技术有限责任公司

伟科 7

品种权号　CNA20090710.8
授 权 日　2014 年 11 月 1 日
品种权人　郑州市伟科农作物育种科技有限公司

D5217Z

品种权号　CNA20090625.2
授 权 日　2014 年 11 月 1 日
品种权人　孟山都科技有限责任公司

CA929

品种权号　CNA20090740.2
授 权 日　2014 年 11 月 1 日
品种权人　中国农业科学院作物科学研究所

佳尔 336

品种权号　CNA20100722.1
授 权 日　2014 年 11 月 1 日
品种权人　新疆新实良种股份有限公司

长城饲玉 7 号

品种权号 CNA20100828.4
授 权 日 2014 年 11 月 1 日
品种权人 北京禾佳源农业科技开发有限公司

聊 P54

品种权号 CNA20100868.5
授 权 日 2014 年 11 月 1 日
品种权人 山东中农汇德丰种业科技有限公司

丹 298

品种权号 CNA20100443.9
授 权 日 2014 年 11 月 1 日
品种权人 丹东农业科学院

郑单 988

品种权号 CNA20100485.8
授 权 日 2014 年 11 月 1 日
品种权人 河南省农业科学院

西蒙 6 号

品种权号 CNA20100667.8
授 权 日 2014 年 11 月 1 日
品种权人 银川西蒙种业有限公司

曲辰 10 号

品种权号 CNA20090629.8
授 权 日 2014 年 11 月 1 日
品种权人 云南曲辰种业有限公司

青农 105

品种权号 CNA20100806.0
授 权 日 2014 年 11 月 1 日
品种权人 青岛农业大学

普通小麦
Triticum aestivum L.

津强 4 号

品种权号　CNA20070623.3

授 权 日　2014 年 1 月 1 日

品种权人　天津市农作物研究所

品种来源　2000 年 5 月以辽春 10 号为母本，以津强 1 号为父本，进行化学杀雄配制杂交组合，利用混合系谱法经 3 年 7 代南繁北育选育而成的强筋春小麦品种。

特征性状　全生育期 90 d。幼苗半匍匐，株型紧凑，分蘖力强，成穗率高，长势好，株高 85 cm 左右，较抗倒伏，后期落黄较好。平均穗粒数 27.0 粒左右，千粒重常年高达 45.0 g。穗呈纺锤型，长芒，白壳，红粒，硬质。

品质测定　容重 784 g/L，粗蛋白（干基）18.58%，湿面筋 42.4%，吸水率 63.2%，形成时间 7.9 min，稳定时间 8.3 min，拉伸面积 155 cm^2，最大抗延阻力 715E.U.，达到国家一级强筋小麦标准。

抗性表现　抗病鉴定表现为高抗条锈病，中感至高感叶锈病、高感白粉病。

产量表现　2003 年，在天津市农作物研究所内品比试验中，3 次重复平均亩产 340.0 kg。2004 年参加天津市区域试验，蓟县、宝坻、武清、宁河和杨柳青农场 5 点平均亩产 315.33 kg。2005 年区域试验，5 点平均亩产 283.97 kg。2006 年参加天津市生产试验，5 点平均亩产 348.65 kg。

适宜区域　适宜于天津地区种植。

郯麦 98

品种权号　CNA20080606.8

授 权 日　2014 年 1 月 1 日

品种权人　郯城县种子公司

品种来源　以济宁 13 为母本，以 942 为父本进行有性杂交后，采用系谱法选育而成的半冬性中晚熟品种。

审定情况　鲁农审 2009057、国审麦 2010011。

• 郯麦 98 植株

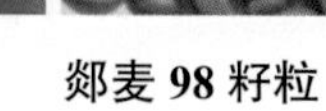

• 郯麦 98 麦穗　　郯麦 98 籽粒

特征性状　幼苗匍匐，抗寒性好，分蘖力中等。旗叶较宽大，叶片上冲，叶耳紫色，后期有干尖，株型紧凑，平均株高 80 cm，茎秆粗壮，抗倒伏，熟相中等。成穗率偏低，穗层整齐，穗较大，结实性好，穗粒数多。2008—2009年度区试平均亩成穗数35.4万，穗粒数41.2数，千粒重43.9 g。穗型长方，长芒、白壳、白粒，籽粒角质，较饱满，千粒重高。

品质测定　硬度指数64.9，容重815 g/L，蛋白质含量（干基）14.52%，湿面筋32.8%，沉淀指数33.4 mL，吸水率61.6%，稳定时间3.2 min，拉伸面积63 cm²，延伸性161 mm，最大抗延阻力285E.U。

产量表现　2007—2009年度黄淮北片B组区域试验两年平均产量8 076 kg/hm²。2009—2010年度黄淮北片水地组小麦生产试验，平均产量7 582.5 kg/hm²。

适宜区域　适宜于黄淮冬麦区北片的山东，河北中南部高肥水地块种植。

郑麦9962

品种权号　CNA20090411.0

授 权 日　2014年1月1日

品种权人　河南省农业科学院

品种来源　以豫麦18为母本，以Ta971832为父本杂交后，采用系谱法经8代系统选育而成的常规种。

审定情况　豫审麦2009004。

特征性状　弱春性中早熟品种，全生育期219 d。幼苗直立，苗势壮，叶色浅黄，冬季抗寒能力强，抗倒春寒能力弱，分蘖力中等。春季起身拔节快，抽穗较早。株高79 cm，株型半紧凑，旗叶下披，抗倒性一般。纺锤型穗，主茎穗突出，穗层较厚，籽粒白粒、角质，较饱满。平均亩穗数40.9万穗，穗粒数30.4粒，千粒重47.9 g。

品质测定　2007年农业部农产品质量监督检验测试中心（郑州）品质测定：容重826 g/L，粗蛋白质含量13.9%，降落值484 s，湿面筋含量27.1%，吸水量59.2 mL/100 g，形成时间1.4 min，稳定时间1.0 min，沉淀值47.2 mL。

• 郑麦9962麦穗

抗性表现　2008年河南省农科院植保所抗病性鉴定，中抗白粉病，中抗条锈病，中抗叶枯病。中感叶锈病，中感纹枯病。

产量表现　2006—2007年度省高肥春水Ⅱ组区域试验，9点汇总，平均亩产540.4 kg。2007—2008年度省高肥春水Ⅱ组区域试验，10点汇总，平均亩产491.0 kg，。

适宜区域　适宜于河南省（南部稻茬麦区除外）中晚茬中高肥力地种植。

科成麦 1 号

品种权号 CNA20050902.0

授 权 日 2014 年 3 月 1 日

品种权人 中国科学院成都生物研究所

品种来源 以高抗条锈病品种贵农 22 为抗性基因供体母本，以含高分子量麦谷蛋白优质亚基 5+10 品种川育 12 为父本杂交组配，此后采用系谱选择法，经成都、昆明两地 10 代选育而成的常规种。

特征性状 春性小麦品种。全生育期平均 186.5 d。芽鞘绿色，幼苗直立，花药颜色黄色，茎叶穗蜡质少，旗叶较宽，叶片半披，叶片无茸毛，叶色绿色。叶耳绿色；分蘖力中等，植株整齐，株高 94 cm 左右，茎秆坚硬，抗倒伏性较强。穗长方形，穗长中等，小穗密度中等，穗粒数 43.7 ～ 76.9 粒，平均 51.3 粒，长芒，红壳，颖壳光滑，护颖卵圆形，颖脊较明显，颖嘴锐形延伸芒状。种子卵形，红粒，粉 - 半角质，腹沟较浅，籽粒饱满，千粒重 36.6 ～ 48 g。

• 科成麦 1 号籽粒

• 科成麦 1 号和亲本植株

抗性表现 中抗条锈病，中抗赤霉病，中感白粉病。

品质测定 农业部谷物及制品质量监督检验测试中心（哈尔滨）品质测定结果为，平均容重 776 g/L，粗蛋白质含量平均 13.52%，湿面筋 24.6%，沉降值 42.6 mL，稳定时间 5.9 min，其中荣县点沉降值 48.5 mL，稳定时间 8.1 min。

皖垦麦 102

品种权号 CNA20080450.2

授 权 日 2014 年 3 月 1 日

品种权人 安徽皖垦种业股份有限公司

品种来源 由河南农科院选育的郑麦 9023 变异单株中系选育成。

审定情况　皖麦2011009。

特征性状　全生育期217 d左右。幼苗近直立，茎秆披少量蜡粉，株高93 cm左右。穗长方形，长芒、白壳、白粒、籽粒半角质到角质。每亩穗数为40万穗左右，穗粒数36粒左右，千粒重45 g左右。

品质测定　经农业部谷物及制品质量监督检验测试中心（哈尔滨）检验，2009年品质测定结果，容重820 g/L，粗蛋白（干基）13.46%，湿面筋28.3%，面团稳定时间3.8分钟，吸水率62.2%，硬度指数69.4。2010年品质测定结果，容重794 g/L，粗蛋白（干基）14.45%，湿面筋28.8%，面团稳定时间2.2分钟，吸水率65.9%，硬度指数71.3。

• 皖垦麦102麦穗

抗性表现　经中国农业科学院植保所抗性鉴定，2008年中抗赤霉病（平均严重度和抗级1.65MR），中感白粉病（病级和抗级5MS）、纹枯病（病指和抗级25.00MS）、叶锈病（病指和抗级60MS）和条锈病（病指和抗级40MS）；2009年中抗白粉病（病级和抗级3MR），中感赤霉病（平均严重度和抗级3.33MS）、纹枯病（病指和抗级34.38MS）和叶锈病（病指和抗级60MS），慢条锈病（病指和抗级24MRS）。

产量表现　在一般栽培条件下，2007—2008年度区试亩产613 kg。2008—2009年度区试亩产558 kg。2009—2010年度生产试验亩产534 kg。

适宜区域　适宜于安徽省淮北区（不含沿淮区）种植。

渭丰151

品种权号　CNA20080470.7

授 权 日　2014年3月1日

品种权人　刘新江　刘福泉

品种来源　在小偃6号试验田中发现变异单株，经过多年系统选育而成。

特征性状　属半冬性，幼苗半匍匐，越冬期幼苗健壮，抗倒春寒和晚霜，叶片翠绿上倾，分蘖力强，株型较松散，生长势强，株高75～80 cm，茎秆坚硬抗倒，植株结构合理，抗旱、抗寒、抗倒性好，叶穗分布均匀空间利用充分，分蘖成穗率高，一般亩成穗41万～43万穗，成熟期叶秆黄亮无病斑抗干热风和高温逼熟，落黄好。穗为长方形，小穗排列较松，小穗数22～25个，结实性强，多花多粒，长芒，白壳，白粒角质，千粒重42～45 g，种皮薄亮品质优良，全生育期238～240 d。

抗性表现 经西北农林科技大学植物保护学院接种鉴定结果为，中抗条锈病，感赤霉病，中感白粉。

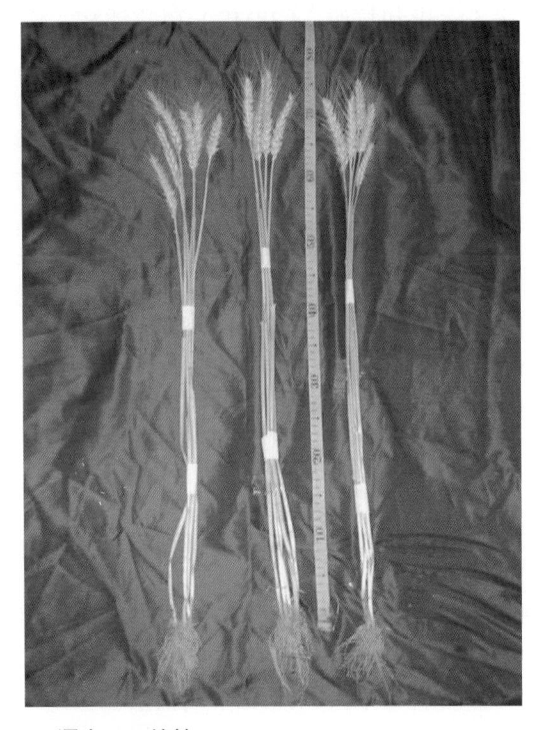

• 渭丰 151 植株

• 渭丰 151 籽粒

品质测定 陕西省粮油产品质量监督检验站测定结果为，属白色硬质冬小麦，容重 799 g/L，蛋白质含量（干基）为 14.4%，湿面筋含量（14% 水分基）38.5%，沉淀值 59.0 mL，吸水率 58.8%，稳定时间 8.2 min，最大抗延阻力 397E.U。拉伸面积 101 cm^2，角质率 98%，降落数值 312S。品质指标达到国家优质强筋小麦品质标准。

产量表现 2005—2006 年度关中灌区新品种生产试验产量结果汇总显示，5 点平均亩产 499.4 kg。

适宜区域 适宜于关中新老灌区和黄淮南片冬麦区高、中肥力田块种植。一般亩产 550 kg 左右，高产田块可达 650 kg 以上。

济麦 0536

品种权号 CNA20100402.8

授 权 日 2014 年 3 月 1 日

品种权人 山东省农业科学院作物研究所

品种来源 以 9922 为母本，以临远 7069 为父本杂交组配而成。其中，母本是以（泰山 5 号 × 济南 13）× 原丰 6 号复合杂交，经自交 6 代选育而成。

特征性状 冬性小麦品种。幼苗直立，较壮，叶色浅绿，叶耳绿色，株型半紧凑，穗纺锤型，长芒、白壳、白粒，籽粒半角质、饱满。

品质测定 2010 年国家黄淮北片区试混合样品品质测定，容重 791 g/L，蛋白质（干基）含量 14.12%，湿面筋 31.5%，沉淀指数 32 mL，吸水率 57.2%，稳定时间 3.6 min，拉伸面积 80 cm^2，延伸性 179 mm，最大抗延阻力 316 E.U.。

抗性表现 2010 年国家黄淮北片区

试接种抗病性鉴定，高感条锈、赤霉和纹枯病，中感叶锈和白粉病。

产量表现　2007—2008年度山东省预试8 862.30 kg/hm^2。2008—2009年度山东省区试8 509.95 kg/hm^2。2009—2010年国家黄淮北片区试7 488.00 kg/hm^2。

适宜区域　适宜于黄淮冬麦区水浇地条件下的中高肥地块种植。

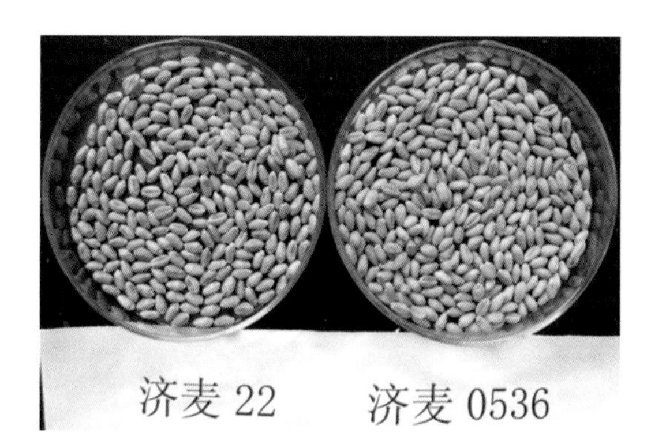

• 济麦22与济麦0536籽粒

豫农416

授 权 日　2014年9月1日

品种权号　CNA20080625.4

品种权人　河南农业大学

品种来源　以豫麦49号为母本，以（豫麦21号×豫麦35号）F_1为父本进行杂交，通过系谱法选育而成。

审定情况　豫审麦2009001号、陕引麦2013001号、皖农种函[2014]1035号。

特征性状　半冬性多穗型中熟品种，全生育期225 d。幼苗半匍匐，分蘖力强，成穗率高，越冬抗寒性好。春季起身快，拔节抽穗早，春季抗寒性一般。株高78 cm左右，株型适中，抗倒性较好。成熟落黄好，千粒重高。穗层较厚，纺锤形大穗，长芒，籽粒白粒，角质，饱满，黑胚率低。对水肥不敏感，广适性好。

品质测定　籽粒容重791 g/L，蛋白质14.88%，降落值391 s，吸水量55.3 mL/100 g，形成时间6.0 min，稳定时间9.0 min，沉降值71.2 mL，出粉率72.8%，高分子量麦谷蛋白亚基组成为：1，7+8，5+10。

• 豫农416植株

• 豫农416籽粒

抗性表现　河南省抗病鉴定为，中抗白粉病、叶枯病和条锈病，中感纹枯病和叶锈病。安徽省引种抗病鉴定为，中抗白粉病，中感纹枯病，中抗赤霉病。

产量表现 2007—2008年连续两年河南省区试平均产量7 917 kg/hm²。2009年河南省生产试验平均产量8 625 kg/hm²。2012—2013年连续两年陕西省引种试验平均产量8 039 kg/hm²。2014年安徽省引种试验平均产量9 030 kg/hm²。

适宜区域 适宜于河南省（南部稻茬除外）、陕西省关中灌区和安徽省淮北麦区中早茬中高肥地种植。

平麦998

品种权号 CNA20090038.3

授 权 日 2014年9月1日

品种权人 河南华冠种业有限公司

品种来源 以陕优225为母本，以周麦9号为父本杂交后，采用系谱法连续4代定向选育而成。

审定情况 豫审麦2008008。

特征性状 属半冬性中熟品种，全生育期228 d。幼苗半匍匐，苗势强壮，抗寒性一般；春季起身拔节慢，分蘖力强，抽穗迟，成穗率一般；株高76 cm，抗倒性好，株型半松散，叶片上冲，茎秆有蜡质，穗下节间短；纺锤型穗，穗层整齐，成熟落黄好；长芒、白粒，籽粒半角质，较饱满。平均亩成穗数41.1万穗，穗粒数35.3粒，千粒重43.3 g。

品质测定 2007年经农业部农产品质量监督检验测试中心（郑州）测试结果为，容重774 g/L，粗蛋白质含量15.36%，湿面筋含量33.0%，吸水量62.0 mL/100 g，降落值380 s，形成时间4.2 min，稳定时间4.6 min，沉淀值55.0 mL。

抗性表现 2007年经河南省农业科学院植保所抗病性鉴定结果为，中抗叶枯病，中感白粉、条锈、叶锈、纹枯病。

产量表现 2005—2006年度参加省高肥冬水Ⅱ组区试，平均亩产498.7 kg。2006—2007年度省高肥冬水Ⅱ组区试，平均亩产513.1 kg。2007—2008年度参加省高肥冬水2组生试，平均亩产527.9 kg。

适宜区域 适宜于河南省（南部稻茬麦区除外）早中茬中高肥力地种植。

• 平麦998植株

科成麦3号

品种权号　CNA20070454.0

授 权 日　2014年11月1日

品种权人　中国科学院成都生物研究所

品种来源　以糯小麦材料98y1441为母本，以绵阳28号为父本杂交后，采用系谱选择法，经成都、黑水自交7代选育而成的自交系。

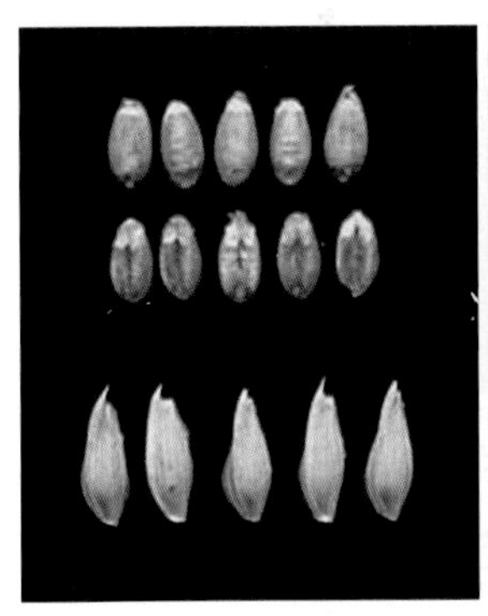

• 科成麦3号籽粒　　科成麦3号麦穗

特征性状　春性小麦。全生育期183 d左右。株高90 cm左右，幼苗直立，植株整齐，分蘖较强，叶片较窄，叶片半披，叶色绿色，叶耳绿色。穗锥形，穗粒数45粒左右，千粒重48 g左右。长芒，白壳，红粒，角质，籽粒饱满。

抗性表现　经多年田间观察，高抗条锈病，中感白粉病、中感赤霉病。

品质测定　2005年农业部谷物及制品质量监督检验测试中心（哈尔滨）品质测定结果为，总淀粉含量为66.41%，其胚乳淀粉全为支链淀粉；籽粒粗蛋白含量为14.46%，SDS沉降值35.6 mL，湿面筋含量31.3%。

河农6049

品种权号　CNA20080479.0

授 权 日　2014年11月1日

品种权人　河北农业大学

品种来源　以冀麦38为母本，以河农91459为父本杂交后，经系谱法选育而成的常规种。

• 河农6049麦穗

• 河农6049籽粒

审定情况　2015年5月通过河北省农作物品种审定委员会审定（冀中北麦区），2009年通过国家农作物品种审定委员会审定（黄淮北片麦区），2008年通过河北省农作物品种审定委员会审定（冀中南麦区）。

特征性状 半冬性中早熟品种。分蘖力较强，株型较紧凑，株高 77 cm 左右。每亩穗数 43 万左右，穗层较整齐。长芒，白粒，半硬质，籽粒饱满。穗粒数 37.6 个，千粒重 37.7 g。

抗性表现 熟相较好，抗倒性较强。中感条锈病、叶锈病、白粉病。

品质测定 中筋，容重 784.7 g/L。

产量表现 冀中南水地组区域试验平均亩产 539.93 kg。生产试验平均亩产 511.02 kg。

适宜区域 适宜于河北省全部、山东省全部，山西南部中高水肥地块种植。

陕农 138

品种权号 CNA20080590.8

授 权 日 2014 年 11 月 1 日

品种权人 西北农林科技大学

品种来源 以新麦 9 号为母本，以 1997 年航天搭载的陕 354 为父本，经过杂交 F_2 代田间选育，于 F_3 代进行花药培养选育的。

审定情况 2008 年 4 月通过陕西省农作物品种审定委员会审定。

特征性状 幼苗半匍匐，黄绿色，分蘖力强；春季发育快，成穗率高；成株期叶挺，黄绿色，株型较紧凑，穗层整齐；株高 78 cm 左右，根系发达；长方形穗，小穗排列中密，结实性好；白粒、硬质、穗粒数 40 粒左右，千粒重 42 g 左右；耐旱、耐寒、抗倒伏、抗穗发芽、成熟黄亮。

品质测定 经陕西省种子管理站组织品质测定，容重 791g/L，蛋白质含量（干基）14.9%，湿面筋 32.0%，沉降值 49.0 mL，稳定时间 16.5 min，最大抗延阻力 274E.U，拉伸面积 70 cm^2，角质率 99%，降落值 385 s，为强筋优质麦。

• 陕农 138 麦穗

• 陕农 138 籽粒

抗性表现 经陕西省种子管理站组织进行抗病性鉴定结果为，条锈病浸染型－普遍率－严重度为 2-5-5；白粉病病指－病级为 58.0-5；赤霉病病指为 3.6。抗病性综合评价为中抗条锈病、中抗赤霉病、中感白粉病。

产量表现 2005—2007 年在陕西省关中灌区中肥组 2 年 14 个点次区域试验，平均亩产 476.3 kg。2006—2007 年 6 点次生产试验，平均亩产 443.3 kg。

适宜区域 适宜于陕西关中灌区及其类似区域种植。

豫保 1 号

品种权号 CNA20090209.6

授 权 日 2014 年 11 月 1 日

品种权人 河南省农业科学院

品种来源 以豫麦 2 号为母本，以周 8826 为父本进行杂交后，采用系谱法经连续 9 代定向系统选育而成。

特征性状 属半冬性中熟大穗品种，全生育期 226 d。幼苗直立，叶片灰绿色，冬季抗寒性较好，分蘖成穗率一般。株高 80 cm 左右，株型略松散，叶大，茎秆粗壮，抗倒伏。穗层整齐，长方形大穗，结实性好，穗粒数多，长芒，白壳，白粒，籽粒饱满，半角质。灌浆中期田间长相非常好，后期熟相一般。平均亩成穗数 31.9 万，穗粒数 45.5 粒，千粒重 46.7 g。

抗性鉴定 2005—2007 年经省农科院植保所成株期综合抗病性鉴定和接种鉴定结果为，中抗白粉病，中抗条锈病，中感叶锈病，中抗纹枯病，中抗叶枯病。

品质测定 2006、2007 年经农业部农产品质量监督检验测试中心（郑州）测定结果为，容重 782 ～ 760 g/L，粗蛋白含量（干基）14.54% ～ 13.47%，降落值 320 ～ 402 s，沉降值 55.0 ～ 47.2 mL，湿面筋 27.0%/31.8%，吸水量 56.3 ～ 60.2 mL/100 g，形成时间 3.2 ～ 3.7 min，稳定时间 3.3 ～ 3.2 min，弱化度 139 ～ 131F.U.，出粉率 72.1% ～ 73.2%。

产量表现 2005—2006 年度参加省高肥冬水Ⅲ组区试，平均亩产 471.5 kg；2006—2007 年度参加省高肥冬水Ⅲ组区试，平均亩产 531.5 kg。2007—2008 年度参加省高肥冬水Ⅰ组生产试验，平均亩产 531.1 kg。

适宜区域 适宜于河南省早中茬高、中肥力地种植（南部稻茬麦区除外）。

运旱 20410

品种权号 CNA20090234.5

授 权 日 2014 年 11 月 1 日

品种权人 山西省农业科学院棉花研究所

品种来源 是以晋麦 54 为母本，以长 5613 为父本杂交，采用系谱法经连续 5 代选育而成。

审定情况 晋审麦 2007006、国审麦 2008014。

特征性状 半冬性，中早熟。幼苗半匍匐，叶色深绿，分蘖力强。返青起身较早，两极分化快，亩成穗较多，麦脚利落。株高 85 cm 左右，株型紧凑，叶片抽穗后呈浅灰绿色，灌浆期转色落黄好。穗层整齐，穗较大，纺锤型，长芒，白壳，白粒，角质，粒中大，卵圆形。合理产量结构表现为，亩穗数 30 ～ 35 万，穗粒数 28 ～ 35 粒，千粒重 38 ～ 42 g。

品质测定 国家区试籽粒混合样测定为，平均容重 785 g/L，蛋白质（干基）含量 16.37%，湿面筋含量 36.2%，沉降值

49.95 mL，吸水率 60.75%，稳定时间 7.55 分钟，最大抗延阻力 285.5E.U，延伸性 19.0 cm，拉伸面积 77 cm^2。

抗性表现 具有与晋麦 47 相当的较强抗旱抗青干特性。接种抗病性鉴定结果为，感黄矮病，中感条锈病，高感叶锈病和白粉病。

产量表现 山西省区试及生产试验，平均产量 3 720.45 kg/hm^2；国家区试及生产试验，平均产量 4 521.75 kg/hm^2。

适宜区域 适宜于山西省南部麦区旱地、黄淮冬麦区的陕西渭北、河南西部旱薄地种植。

• 运旱 20410 麦穗

• 运旱 20410 籽粒

津强 5 号

品种权号 CNA20080499.5
授 权 日 2014 年 1 月 1 日
品种权人 天津市农作物研究所

津强 6 号

品种权号 CNA20080500.2
授 权 日 2014 年 1 月 1 日
品种权人 天津市农作物研究所

石新 811

品种权号 CNA20090584.1
授 权 日 2014 年 1 月 1 日
品种权人 河北极峰农业开发有限公司

冀 6358

品种权号 CNA20070427.3
授 权 日 2014 年 3 月 1 日
品种权人 河北省农林科学院粮油作物研究所

苏育麦 1 号

品种权号 CNA20080367.0
授 权 日 2014 年 3 月 1 日
品种权人 连云港市苏乐种业科技有限公司

农大 211

品种权号 CNA20070474.5
授 权 日 2014年3月1日
品种权人 中国农业大学

明麦 1 号

品种权号 CNA20070490.7
授 权 日 2014年3月1日
品种权人 江苏明天种业科技有限公司

衡 0628

品种权号 CNA20090539.7
授 权 日 2014年3月1日
品种权人 河北省农林科学院旱作农业研究所

青麦 6 号

品种权号 CNA20080461.8
授 权 日 2014年3月1日
品种权人 青岛农业大学

西科麦 3 号

品种权号 CNA20090389.8
授 权 日 2014年3月1日
品种权人 西南科技大学

淮麦 30

品种权号 CNA20090415.6
授 权 日 2014年3月1日
品种权人 江苏徐淮地区淮阴农业科学研究所

农大 3753

品种权号 CNA20070476.1
授 权 日 2014年3月1日
品种权人 中国农业大学

宜麦 8 号

品种权号 CNA20070540.7
授 权 日 2014年9月1日
品种权人 四川神龙科技股份有限公司
宜宾市农业科学院

镇麦 9 号

品种权号 CNA20080378.6
授 权 日 2014年9月1日
品种权人 江苏丘陵地区镇江农业科学研究所

武农 986

品种权号 CNA20080830.3
授 权 日 2014年9月1日
品种权人 杨凌职业技术学院

华麦 4 号

品种权号　CNA20090014.1
授 权 日　2014 年 9 月 1 日
品种权人　江苏省大华种业集团有限公司

石优 17 号

品种权号　CNA20080075.2
授 权 日　2014 年 11 月 1 日
品种权人　石家庄市农业科学研究院

运旱 2335

品种权号　CNA20080111.2
授 权 日　2014 年 11 月 1 日
品种权人　山西省农业科学院棉花研究所

鄂麦 352

品种权号　CNA20080301.8
授 权 日　2014 年 11 月 1 日
品种权人　湖北省农业科学院粮食作物研究所

淮麦 28

品种权号　CNA20080357.3
授 权 日　2014 年 11 月 1 日
品种权人　江苏徐淮地区淮阴农业科学研究所

宁麦 17

品种权号　CNA20090015.0
授 权 日　2014 年 11 月 1 日
品种权人　江苏省农业科学院

藁优 2018

品种权号　CNA20090269.3
授 权 日　2014 年 11 月 1 日
品种权人　藁城市农业科学研究所

谷　子
Setaria italica（L.）Beauv.

济谷 14

品种权号　CNA20080766.8
授 权 日　2014 年 3 月 1 日
品种权人　山东省农业科学院作物研究所

品种来源　以济 7978 为母本，以济 7931 为父本，杂交后，经多代自交选育而成。

审定情况　2011 年通过山东省农作物品种审定委员会审定。

特征性状　幼苗绿色，生育期 89 d，株高 118.5 cm。纺锤型穗，穗较紧，穗长 21.0 cm，单穗重、穗粒重分别为 11.8 g、10.2 g，出谷率、出米率分别为 82.3%、78.2%，黄谷黄米，米质好，千粒重为 2.38 g。

• 济谷 14 穗部

• 济谷 14 植株

品质测定　2009 年农业部食品质量监督检验测试中心（济南）化验分析，粗蛋白含量 10.8%，粗脂肪 3.6%，赖氨酸 0.25%。在全国第八届优质食用粟评选中被评为二级优质米。

产量表现　2009 年参加山东省区域试验，平均产量为 5 076 kg/hm^2。2010 年平均产量为 3 906 kg/hm^2，两年区试平均 4 491 kg/hm^2。2010 年省生产试验平均 3 845 kg/hm^2。

适宜区域　适宜于山东、河南、河北南部夏播种植。

大金苗

品种权号　CNA20060866.5

授 权 日　2014 年 1 月 1 日

品种权人　阿鲁科尔沁旗天柱绿色种业有限责任公司

道谷 6 号

品种权号　CNA20090526.2

授 权 日　2014 年 1 月 1 日

品种权人　谷品道科技（北京）有限公司

张杂谷 5 号

品种权号　CNA20080685.8

授 权 日　2014 年 3 月 1 日

品种权人　河北巡天农业科技有限公司

冀张谷 A2

品种权号　CNA20080686.6

授 权 日　2014 年 3 月 1 日

品种权人　河北巡天农业科技有限公司

张杂谷 3 号

品种权号 CNA20080684.X
授 权 日 2014 年 11 月 1 日
品种权人 河北巡天农业科技有限公司

冀张谷 14845

品种权号 CNA20080687.4
授 权 日 2014 年 11 月 1 日
品种权人 河北巡天农业科技有限公司

冀张谷 3522

品种权号 CNA20080688.2
授 权 日 2014 年 11 月 1 日
品种权人 河北巡天农业科技有限公司

高 粱
Sorghum bicolor (L.) Moench

45 A

品种权号 CNA20090576.1
授 权 日 2014 年 3 月 1 日
品种权人 四川省农业科学院水稻有限公司

大麦属
Hordeum L.

垦啤麦 9 号

品种权号 CNA20080552.5
授 权 日 2014 年 9 月 1 日
品种权人 北大荒垦丰种业股份有限公司

品种来源 以红 98-302 为母本，垦鉴啤麦 2 号为父本经有性杂交育成。

审定情况 2008 年 2 月通过黑龙江省品种审定委员会审定。

• 垦啤麦 9 号穗部

产量表现 经 2006—2007 年两年区试，平均产量为 5 139.5 kg/hm^2。2007 年生试平均产量为 5 109.2 kg/hm^2。从产量数据来看，各圃的平均产量都超过 5 000 kg/hm^2，说明该品系不但产量高，而且稳产性好。由于产量突出 2006 年成为黑龙江省良种化工程中标品种。

特征性状 属春性多棱啤酒大麦品种。幼苗半匍匐，叶色深，齿芒，落黄好，生育日数77～78 d。籽粒有光泽、皮薄、色浅、饱满，饱满度90%以上。

品质测定 经全国麦芽检测中心化验结果为，蛋白质含量11.2%～12%，麦芽无水浸出率79%～80%，库尔巴哈值43%～50%，糖化力330～390 WK，千粒重38～41 g。

抗性表现 抗旱、抗倒伏、抗病性好。

苏啤6号

品种权号 CNA20080409.X

授 权 日 2014年3月1日

品种权人 江苏沿海地区农业科学研究所

苏U啤5号

品种权号 CNA20080424.3

授 权 日 2014年3月1日

品种权人 江苏东亚富友种业有限公司

东江2号

品种权号 CNA20090125.7

授 权 日 2014年3月1日

品种权人 如东县农业技术推广中心 南通中江种业有限公司

港啤2号

品种权号 CNA20080363.8

授 权 日 2014年11月1日

品种权人 连云港市农业科学院

甘 薯

Ipomoea batatas (L.) Lam.

苏薯10号

品 种 权 CNA20090542.2

授 权 日 2014年3月1日

品种权人 江苏省农业科学院

济薯22

品种权号 CNA20080129.5

授 权 日 2014年11月1日

品种权人 山东省农业科学院作物研究所

徐薯25

品种权号 CNA20080178.3

授 权 日 2014年11月1日

品种权人 江苏省徐淮地区徐州农业科学研究所

苏薯 12 号

品种权号　CNA20080615.7
授 权 日　2014 年 11 月 1 日
品种权人　江苏省农业科学院

蚕　豆
Vicia faba L.

青海 13 号

品种权号　CNA20100355.5
授 权 日　2014 年 11 月 1 日
品种权人　青海省农林科学院
　　　　　青海鑫农科技有限公司

品种来源　1999 年以马牙为母本，以戴韦（DIVINE）为父本，经有性杂交选育而成的早熟、高产、高蛋白蚕豆品种。

审定情况　2009 年 12 月 10 日青海省第七届农作物品种审定委员会第四次会议审定通过，审定编号为青审豆 2009001。

特征性状　属春性早熟品种。幼苗直立，幼茎浅绿色。主茎绿色、方型。叶姿上举，叶缘皱，株型紧凑。花白色，基部粉红色，旗瓣白色，脉纹浅褐色，翼瓣白色，中央有一黑色圆斑，龙骨瓣白绿色。荚果着生状态半直立型，成熟荚黑色。荚长 8.81 cm ± 1.08 cm，荚宽 1.58 cm ± 0.18 cm。单株双（多）荚数 5.27 个 ± 1.08 个，每荚 2.75 粒 ± 1.22 粒。种皮有光泽、半透明，脐白色。粒乳白色、中厚形。单株粒数 36.79 粒 ± 11.53 粒，单株产量 33.56 g ± 10.05 g，百粒重 91.21 g ± 5.87 g。经济系数 0.48。

抗性表现　中抗褐斑病、轮纹病、赤斑病。

产量表现　一般肥力条件下产量 3.750 t/hm^2 ～ 4.500 t/hm^2。高肥力条件下产量 4.500 t/hm^2 ～ 6.000 t/hm^2。

适宜区域　适宜于青海海拔 2 700 ～ 2 900 m 旱作农业区或农牧交错区以及国内同类生态区种植。

• 青海 13 号植株

• 青海 13 号籽粒

青蚕 15 号

品种权号 CNA20100356.4

授 权 日 2014 年 11 月 1 日

品种权人 青海省农林科学院

青海鑫农科技有限公司

品种来源 以地方蚕豆品种湟中落角为母本，以品系 96-49 为父本经有性杂交选育而成。

审定情况 2013 年 12 月 4 日青海省第八届农作物品种审定委员会第三次会议审定通过，审定编号为青审豆 2013001。

特征性状 属春性，中晚熟品种。幼苗直立，株高 130 cm 左右，株型松散，单株分枝数2～3个，叶片灰白绿色，茎秆紫红色，花瓣紫红色，成熟荚黄色；出苗至开花期 37 d，期间≥ 5℃积温 420.2℃；开花至成熟 90 d，期间 ≥ 5 ℃积温 1 502.1℃；出苗至成熟 127 d，期间≥ 5℃积温 1 906.3 ℃；全生育期 157 d，期间≥ 0℃积温 2 076.6℃。

品质测定 籽粒百粒重 220 g 左右，籽粒粗蛋白质含量 31.19%，淀粉含量 37.26%。

• 青蚕 15 号籽粒

• 青蚕 15 号植株

抗性表现 中抗蚕豆赤斑病和根腐病。

产量表现 在高水肥条件下平均亩产 400 kg 以上，一般水肥条件下 300 ～ 400 kg。2010—2011 年省级水地区域试验中，平均亩产 296.6 kg；2011—2012 年生产试验中，平均亩产 326.8 kg。

适宜区域 适宜于青海省海拔 2 300 ～ 2 600 m 的地区以及西北同类生态区种植。

大 豆

Glycine max (L.) Merrill

交大 02-89

品种权号 CNA20070553.9

授 权 日 2014 年 3 月 1 日

品种权人 上海交通大学

品种来源 以台湾 88 为母本，以宝丰 8 号为父本杂交后，采用混合选择方法，经过 2 次北繁培育而成。

• 交大 02-89 植株

特征性状 分枝数中，种脐颜色淡褐色。

适宜区域 适宜于上海、江苏、安徽、浙江、江西、湖南、湖北等地春播种植。

黑农 57

品种权号 CNA20070805.8

授 权 日 2014 年 3 月 1 日

品种权人 黑龙江省农业科学院大豆研究所

品种来源 以哈 95-5351 为母本，以哈 3164 为父本进行有性杂交，采用系谱法连续自交 6 代后定向选育而成。

审定情况 黑审豆 2008001。

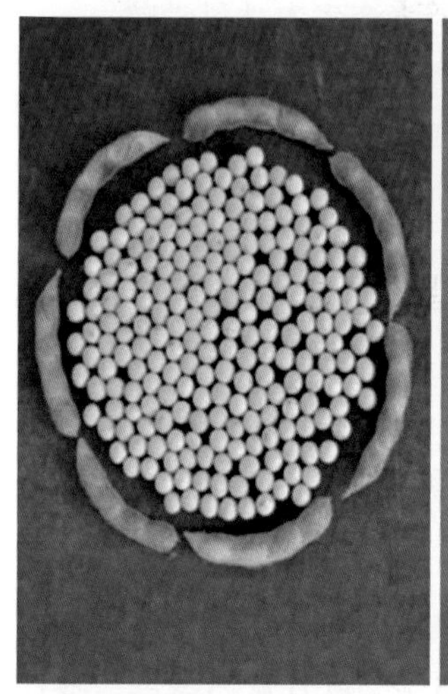

• 黑农 57 荚果及籽粒　　　黑农 57 单株

• 黑农 57 田间群体

特征性状 品种株高 80 cm，白花，尖叶，灰色茸毛。主茎 18 节，节间短，结荚密，每节结荚多，籽粒圆形，种皮黄色，有光泽，脐褐色，百粒重 22 g 左右。生育日数 122 d，所需活动积温 2 500 ℃。根系发达，秆强不倒。

品质测定 蛋白质含量 39.13%，脂肪含量 21.91%。

抗性表现 中抗大豆灰斑病、大豆病毒病。

产量表现 2005—2006年区域试验结果两年平均产量为3 000.0 kg/hm^2。2007年生产试验平均产量为2 390.6 kg/hm^2。

适宜区域 适宜于黑龙江省第一积温带、第二积温带上限种植。

黑农58

授 权 日 2014年3月1日

品种权号 CNA20070806.6

品种权人 黑龙江省农业科学院大豆研究所

品种来源 以哈94-1101为母本，以黑农35为父本进行杂交，经系谱法自交5代选育而成。

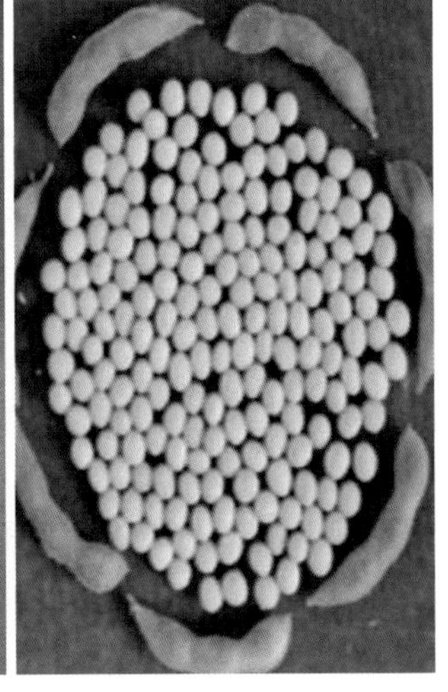

• 黑农58单株 黑农58荚果及籽粒

审定情况 黑审豆2008005。

特征性状 株高80 cm，白花，圆叶，灰色茸毛，亚有限结荚习性，主茎18～20节，节间短，结荚密，每节结荚多，籽粒椭圆形，种皮黄色，有光泽，脐黄色，百粒重22 g左右。生育日数118 d，所需活动积温2 400℃。根系发达，秆强不倒。

品质测定 蛋白质含量40.44%，脂肪含量21.61%。

抗性表现 接种鉴定中抗大豆灰斑病、大豆病毒病。

产量表现 2005—2006年区域试验结果2年平均产量为2 861.5 kg/hm^2。2007年生产试验平均产量为2 384.1 kg/hm^2。

适宜区域 适宜于黑龙江省第二积温带、第三积温带上限部分地区种植。

• 黑农58田间群体

垦丰20号

品种权号 CNA20080759.5

授 权 日 2014年3月1日

品种权人 黑龙江省农垦科学院

品种来源 以北丰11号为母本，以长农5号为父本杂交后，采用系谱法自交多代选育而成的常规种。

审定情况 黑垦审豆2008004。

产量表现 2004—2005年区试平均

产量为 2 757.3 kg/hm²，2006 年生试平均产量为 2 749.0 kg/hm²。

• 垦丰 20 号植株

特征性状 亚有限结荚习性品种。株高 80 cm 左右，无分枝。尖叶，白花，灰茸毛，三、四粒荚较多，荚为褐色。籽粒圆形，种皮黄色，有光泽，黄色脐，百粒重 20 g 左右。生育日数 115 d，需活动积温 2 300℃左右。

抗性表现 秆强不倒，中抗灰斑病。

品质测定 蛋白质含量 44.01%，脂肪含量 19.60%。根据豆浆的组织状态、色泽、香气、润滑度、口感度、滋味等标准评判，适宜做豆浆用豆。

适应地区 适宜于黑龙江省第二积温带垦区东南部地区种植。

垦丰 21 号

品种权号 CNA20080760.9

授 权 日 2014 年 3 月 1 日

品种权人 黑龙江省农垦科学院

品种来源 以垦丰 6 号为母本，以九 L553 为父本杂交后，经自交 5 代选育而成的常规种。

审定情况 黑垦审豆 2008005。

产量表现 2005—2006 年区试平均产量为 2 342.7 kg/hm²。2007 年生试平均产量为 2 354.5 kg/hm²。

特征性状 无限结荚习性品种。株高 95 cm 左右，有分枝。尖叶、白花、灰茸毛、荚为草黄色。籽粒圆形，种皮淡黄色，有光泽，黄色脐，百粒重 18 g 左右。生育日数 107 d 左右，需活动积温 2 130℃左右。

抗性表现 秆韧性强、耐瘠薄，中抗灰斑病。

品质测定 蛋白质含量 42.19%，脂肪含量 19.99%。

适应地区 适宜于黑龙江省第四积温带垦区东北部地区种植。

• 垦丰 21 号植株

垦丰 22 号

品种权号　CNA20080761.7

授 权 日　2014 年 3 月 1 日

品种权人　黑龙江省农垦科学院

品种来源　以绥农 10 号为母本，以合丰 35 号为父本杂交后，经系谱法 6 代自交选育而成的常规种。

审定情况　黑审豆 2008015。

产量表现　2005—2006 年区试平均产量为 2 632.0 kg/hm^2。2007 年生试平均产量为 2 572.2 kg。

• 垦丰 22 号植株

特征性状　亚有限结荚习性品种。株高 85 cm 左右。尖叶，紫花，灰茸毛，三、四粒荚多，荚为褐色。籽粒圆形，种皮黄色，有光泽，脐黄色，百粒重 22 g 左右。生育日数 114 d 左右，需活动积温 2 250℃。

抗性表现　秆强不倒，中抗灰斑病。

品质测定　蛋白质含量 42.54%，脂肪含量 20.27%。

适宜区域　适宜于黑龙江省第三积温带种植。

• 垦丰 22 号田间群体

临豆九号

品种权号　CNA20070547.4

授 权 日　2014 年 9 月 1 日

品种权人　临沂市农业科学院

品种来源　以豫豆 8 号为母本，以临 135 为父本杂交后系统选育而成。

审定情况　2008 年通过山东省审定，审定编号为鲁农审 2008028。2008 年通过黄淮流域国家农作物品种审定委员会审定，审定编号为国审豆 2008006。2013 年通过长江流域国家农作物品种审定委员会审定，审定编号为国审豆 2013015。

特征性状　有限结荚习性品种。株型收敛，株高 55.6 cm，主茎 13.5 节，有效分枝 3.0 个。叶卵圆形，深绿色。白花，棕毛。单株荚数 44.1 个，单株粒数 80.9 粒，荚褐色。籽粒椭圆形，种皮黄色，无光泽，脐褐色，百粒重 18 ～ 19 g。黄淮海夏大豆试验中，生育期 108 d，6 月中旬播种，10 月上旬成熟。

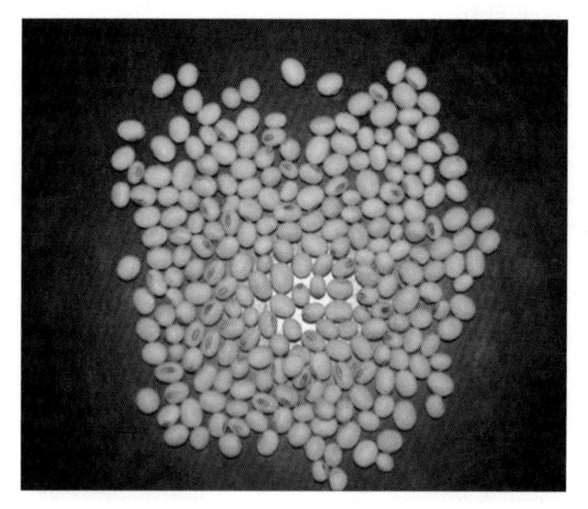

• 临豆九号籽粒

• 临豆九号田间群体

产量表现　2006 年参加黄淮海南片夏大豆品种区域试验，单产 2 473.5 kg/hm^2；2007 年续试，单产 2 503.5 kg/hm^2；两年区域试验单产 2 488.5 kg/hm^2。

抗性表现　接种鉴定中抗花叶病毒病 SC3 株系，抗 SC7 株系，中抗大豆孢囊线虫病 1 号生理小种。抗倒伏，落叶性好，不裂荚。

品质测定　蛋白质含量 43.80% ～ 45.59%，脂肪含量 19.13% ～ 19.18%。

适宜区域　适宜于山东及黄淮、长江流域夏播种植。

东豆 339

品种权号　CNA20090093.5

授 权 日　2014 年 11 月 1 日

品种权人　辽宁东亚种业有限公司

品种来源　1999 年以开交 9810-7 为母本，以引自铁岭市农业科学院大豆所的铁丰 29 为父本杂交选育而成。

审定情况　国审豆 2008019。

特征性状　有限结荚习性品种。株高 61.3 cm，结荚高度 11.5 cm，株型收敛。主茎节数 13.5 个，有效分枝数 2.2 个，圆叶，紫花，茸毛灰色，单株有效荚数 47.6 个，单株粒数 90.8 个，单株粒重 22 g。籽粒椭圆形，种皮黄色，脐褐色，百粒重 24.9 g，褐斑率 3.05%，虫食率 2.05%，成熟时，不裂荚。

品质测定　粗脂肪含量 20.39%，粗蛋白含量 42.28%。

抗性表现　中抗大豆花叶病毒病 1 号株系（病情指数 24.3%），中感 3 号株系（病情指数 37.9%），病圃鉴定，中感大豆胞囊线虫病（寄生指数 52.55%）。抗倒伏。

产量表现　2006 年参加国家北方春大豆晚熟组区域试验，平均产量为

3 003 kg/hm²。2007年继续参加同组区域试验，平均产量为3 477 kg/hm²。2007年参加国家北方春大豆生产试验，平均产量为3 007.5 kg/hm²。

适宜区域　适宜于河北北部、辽宁中南部、甘肃中部、宁夏中北部、陕西关中平原地区春播种植。

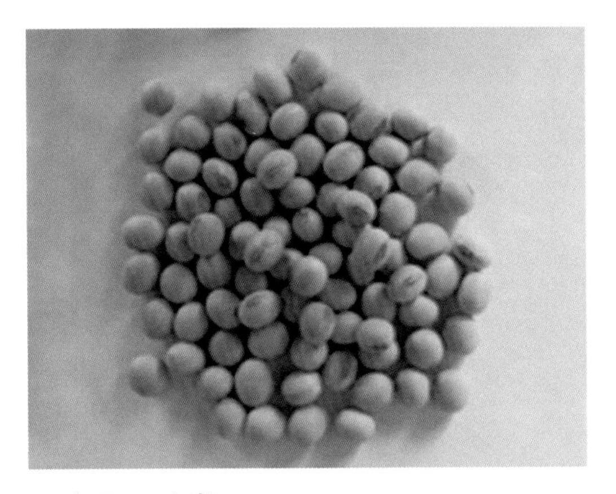

• 东豆339籽粒

嫩丰18号

品种权号　CNA20090385.2

授 权 日　2014年11月1日

品种权人　黑龙江省农业科学院齐齐哈尔分院

品种来源　1993年以嫩92046F_1为母本，以合丰25号为父本进行有性杂交，组合号为嫩93064，1994—1998年在所内种植F_1–F_5代，采用混合个体选择法进行选育而成的高油大豆品种。

特征性状　无限结荚习性品种。长叶，白花，灰茸毛，植株长势强、繁茂，上下结荚均匀有分枝，幼苗生长健壮，根系发达，幼苗胚轴绿色。株高90 cm左右，节间短，主茎结荚为主，结荚密，三、四荚多，荚成熟时呈褐色，籽粒圆形，种皮黄色，种脐淡褐，百粒重20～22 g。属于中晚熟品种，生育日数120 d，所需活动积温2 484.6℃。

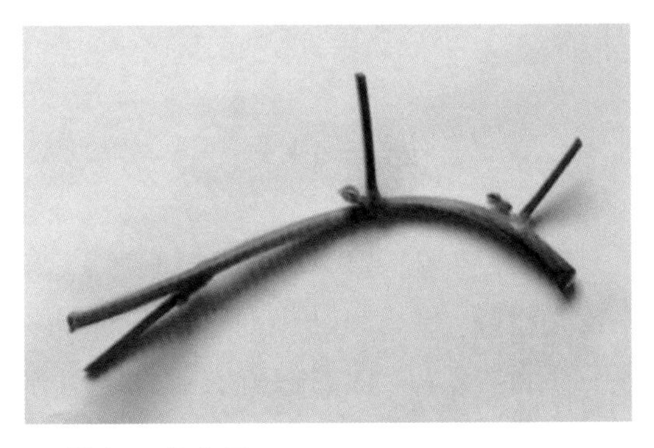

• 嫩丰18号茎秆

• 嫩丰18号叶片

品质测定　2000—2003年经检验分析结果为，平均脂肪含量22.69%，蛋白质含量38.22%。

抗性表现　2003—2004年抗病性鉴定为中抗大豆孢囊线虫3号生理小种。抗干旱，耐瘠性较强。

产量表现　2000年参加所内鉴定试验，平均产量为2 132.3 kg/hm²。2001年参加全省第二生态区区域试验，平均产量为1 860.7 kg/hm²。2002年参加全省第二生态区区域试验，平均产量为 1 854.0 kg/hm²。2002 年参加全省第二生态区生产试验，平均产量为 2 195.0 kg/hm²。

适宜区域　适宜于黑龙江省第一积温带西部干旱地区中上等土壤肥力条件下种植。

嫩丰 19 号

品种权号　CNA20090386.1

授 权 日　2014 年 11 月 1 日

品种权人　黑龙江省农业科学院齐齐哈尔分院

品种来源　1994 年以嫩 76569-17 为母本，以 334 诱变为父本进行有性杂交，组合号为嫩 94060，1995—1999 年内种植 F_1 ～ F_5 代选育而成。

特征性状　无限结荚习性品种。长叶，白花，灰茸毛，上下结荚均匀有分枝，幼苗生长健壮，根系发达，幼苗胚轴绿色，株高 80 ～ 90 cm 左右，节间短。成熟时荚皮呈褐色，三、四荚多，籽粒圆形，种皮黄色有光泽，种脐淡褐，百粒重 18 g 左右。属中晚熟品种，两年区试平均生育日数 120 d，所需活动积温 2 523.6℃。

品质测定　4 年结果。脂肪含量 22.05%，蛋白质含量 37.86%。

抗性表现　中抗大豆孢囊线虫 3 号生理小种。抗干旱，耐瘠性较强。

产量表现　2002 年参加黑龙江省第二生态区区域试验，平均公顷产量 1 856.7 kg。2003 年参加黑龙江省第二生态区区域试验，平均产量为 2 268.4 kg/hm²。2004 年参加黑龙江省第二生态区生产试验，平均产量为 1 981.2 kg/hm²。

适宜区域　适宜于黑龙江省第一积温带西部干旱地区中上等土壤肥力条件下种植。

• 嫩丰 19 号和合丰 25 植株

嫩丰 20

品种权号　CNA20090387.0

授 权 日　2014 年 11 月 1 日

品种权人　黑龙江省农业科学院齐齐哈尔分院

品种来源　以合丰 25 为母本，以安 7811-277 为父本杂交后，采用系谱法选育而成。

特征性状　亚有限结荚习性品种。株高 88 cm 左右，有分枝且分枝数少，白花，圆叶，灰色茸毛，荚弯镰形，成熟时呈褐色。种子圆形，种皮黄色，种脐淡褐色，有光泽，百粒重 21.7 g 左右。在适应区，出苗至成熟生育日数 118 d 左右，需 ≥ 10℃活动积温 2 500℃左右。

品质测定　蛋白质含量 41.72%，脂肪含量 19.82%。

抗性表现　接种鉴定抗孢囊线虫病。

产量表现　2005—2006 年区域试验平均产量为 2182.2 kg/hm^2。2007 年生产试验平均产量为 2 207.4 kg/hm^2。

适宜区域　适宜于黑龙江省第一积温带下限种植。

• 嫩丰 20 叶片

农菁豆 2 号

品种权号　CNA20090291.5

授 权 日　2014 年 1 月 1 日

品种权人　黑龙江省农业科学院草业研究所

南豆 12

品种权号　CNA20090545.9

授 权 日　2014 年 1 月 1 日

品种权人　南充市农业科学院

徐豆 13 号

品种权号　CNA20070107.X

授 权 日　2014 年 3 月 1 日

品种权人　江苏徐淮地区徐州农业科学研究所

北豆 28

品种权号　CNA20080155.4

授 权 日　2014 年 3 月 1 日

品种权人　黑龙江省农垦科研育种中心华疆科研所

通豆 6 号

品种权号　CNA20080300.X

授 权 日　2014 年 3 月 1 日

品种权人　江苏沿江地区农业科学研究所

通豆 2006

品种权号　CNA20080735.8

授 权 日　2014 年 3 月 1 日

品种权人　江苏沿江地区农业科学研究所

荆豆 2 号

品种权号 CNA20080384.0
授 权 日 2014 年 9 月 1 日
品种权人 荆州农业科学院

淮豆 9 号

品种权号 CNA20090152.3
授 权 日 2014 年 9 月 1 日
品种权人 江苏徐淮地区淮阴农业科学研究所

徐豆 16

品种权号 CNA20090210.3
授 权 日 2014 年 9 月 1 日
品种权人 江苏徐淮地区徐州农业科学研究所

徐豆 17

品种权号 CNA20090211.2
授 权 日 2014 年 9 月 1 日
品种权人 江苏徐淮地区徐州农业科学研究所

沈农 9 号

品种权号 CNA20080777.3
授 权 日 2014 年 11 月 1 日
品种权人 沈阳农业大学

沈农 11 号

品种权号 CNA20080778.1
授 权 日 2014 年 11 月 1 日
品种权人 沈阳农业大学

沈农 12 号

品种权号 CNA20080779.X
授 权 日 2014 年 11 月 1 日
品种权人 沈阳农业大学

中黄 39

品种权号 CNA20090009.8
授 权 日 2014 年 11 月 1 日
品种权人 中国农业科学院作物科学研究所

黑河 51

品种权号 CNA20090019.6
授 权 日 2014 年 11 月 1 日
品种权人 黑龙江省农业科学院黑河分院

黑河 50

品种权号 CNA20090020.3
授 权 日 2014 年 11 月 1 日
品种权人 黑龙江省农业科学院黑河分院

绥农 29

品种权号 CNA20090023.0
授 权 日 2014 年 11 月 1 日
品种权人 黑龙江省农业科学院绥化分院

吉育 86

品种权号 CNA20090123.9
授 权 日 2014 年 11 月 1 日
品种权人 吉林省农业科学院

吉育 97

品种权号 CNA20090146.2
授 权 日 2014 年 11 月 1 日
品种权人 吉林省农业科学院

吉育 100

品种权号 CNA20090147.1
授 权 日 2014 年 11 月 1 日
品种权人 吉林省农业科学院

皖豆 25

品种权号 CNA20090292.4
授 权 日 2014 年 11 月 1 日
品种权人 安徽省农业科学院作物研究所

吉育 91 号

品种权号 CNA20090160.3
授 权 日 2014 年 11 月 1 日
品种权人 吉林东创大豆科技发展有限公司

吉育 94

品种权号 CNA20090148.0
授 权 日 2014 年 11 月 1 日
品种权人 吉林省农业科学院

吉育 82 号

品种权号 CNA20090161.2
授 权 日 2014 年 11 月 1 日
品种权人 吉林省农业科学院

吉育 93 号

品种权号 CNA20090162.1
授 权 日 2014 年 11 月 1 日
品种权人 吉林省农业科学院

吉育 89

品种权号 CNA20090220.1
授 权 日 2014 年 11 月 1 日
品种权人 吉林省农业科学院

甘蓝型油菜
Brassica napus L.

秦优 33

品种权号　CNA20090412.9

授 权 日　2014 年 1 月 1 日

品种权人　陕西省杂交油菜研究中心

审定情况　国审油2008019（黄淮区），陕审油 2009001。

品种来源　以诱导型不育系 Y133 为母本，以 Y76 为父本杂交组配而成的一代杂交种。

特征性状　甘蓝型半冬性诱导型不育两系杂交种，全生育期平均 245.0 d。幼苗半直立，苗期叶色绿，裂叶型，叶缘锯齿状，微披蜡粉，无刺毛，叶柄短，顶叶圆。匀生分枝类型，平均株高 169.0 cm，一次有效分枝数 9.7 个。花瓣中等，花色黄，花瓣侧叠。种皮黄褐色。平均单株有效角数 353.0 个，每角粒数 21.0 粒，千粒重 3.7 g。

品质测定　芥酸含量 0.05%，硫苷含量 22.43 μ mol/g，含油量 47.77%。

抗性表现　区域试验田间调查，菌核病平均发病率 5.68%、病指 3.23。抗性鉴定综合评价中感菌核病，低抗病毒病。抗倒性较强。

产量表现　2007 年和 2008 年参加国家黄淮区区试，平均亩产 219.73 kg。2007 和 2008 年度生产试验，平均亩产 219.87 kg。2007 年和 2008 年两年参加陕西省关中和陕南灌区油菜品种区域试验，平均亩产 201.9 kg，亩产油量 87.8 kg。其中在陕南灌区试验，平均含油量 48.27%。在大田生产示范中，一般亩产 200 kg 左右，高产田亩产达 250 kg 以上。

适宜区域　适宜于安徽省淮河以北地区、江苏省淮河以北地区、陕西关中、甘肃省陇南、河南省的冬油菜主产区推广种植。

• 秦优 33 田间群体

• 秦优 33 单株

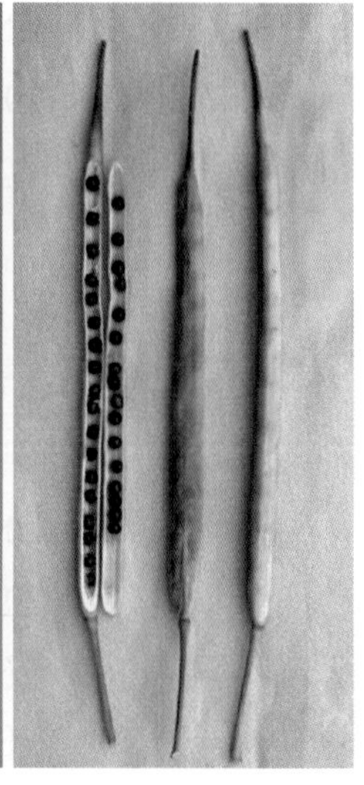

秦优 33 荚果和籽粒

绵新 11 号

品种权号　CNA20070372.2
授 权 日　2014 年 1 月 1 日
品种权人　罗三培

双油 8 号

品种权号　CNA20080291.7
授 权 日　2014 年 1 月 1 日
品种权人　河南省农业科学院

中油杂 13 号

品种权号　CNA20090232.7
授 权 日　2014 年 1 月 1 日
品种权人　中国农业科学院油料作物研究所

宜油 15

品种权号　CNA20070354.4
授 权 日　2014 年 3 月 1 日
品种权人　宜宾市农业科学院

赣油杂 5 号

品种权号　CNA20090933.9
授 权 日　2014 年 3 月 1 日
品种权人　江西省农业科学院作物研究所

金黄二号

品种权号　CNA20090128.4
授 权 日　2014 年 3 月 1 日
品种权人　江苏丘陵地区镇江农业科学研究所

黔黄油 21 号

品种权号　CNA20090150.5
授 权 日　2014 年 3 月 1 日
品种权人　贵州省油料研究所

盛油 15

品种权号　CNA20090163.0
授 权 日　2014 年 3 月 1 日
品种权人　贵州省油菜研究所

中农油 9 号

品种权号　CNA20090164.9
授 权 日　2014 年 3 月 1 日
品种权人　贵州省油菜研究所

德新油 18

品种权号　CNA20090165.8
授 权 日　2014 年 3 月 1 日
品种权人　贵州省油菜研究所

农华油 101

品种权号 CNA20090167.6
授 权 日 2014 年 3 月 1 日
品种权人 贵州省油菜研究所

宝油 517

品种权号 CNA20090198.9
授 权 日 2014 年 3 月 1 日
品种权人 贵州省油菜研究所

苏油 211

品种权号 CNA20090322.8
授 权 日 2014 年 3 月 1 日
品种权人 扬州大学

云油双 2 号

品种权号 CNA20090343.3
授 权 日 2014 年 3 月 1 日
品种权人 云南省农业科学院

云油杂 5 号

品种权号 CNA20090344.2
授 权 日 2014 年 3 月 1 日
品种权人 云南省农业科学院

云油杂 6 号

品种权号 CNA20090345.1
授 权 日 2014 年 3 月 1 日
品种权人 云南省农业科学院

乐油 101A

品种权号 CNA20090544.0
授 权 日 2014 年 3 月 1 日
品种权人 乐山市农业科学研究院

万油 25

品种权号 CNA20090070.2
授 权 日 2014 年 3 月 1 日
品种权人 重庆三峡农业科学院

浙油 601

品种权号 CNA20090328.2
授 权 日 2014 年 9 月 1 日
品种权人 浙江省农业科学院

德油杂 10 号

品种权号 CNA20080550.9
授 权 日 2014 年 11 月 1 日
品种权人 四川省蜀玉科技农业发展有限公司

先油杂 2 号

品种权号 CNA20090166.7
授 权 日 2014 年 11 月 1 日
品种权人 贵州省油菜研究所

鼎油 17

品种权号　CNA20090197.0

授 权 日　2014 年 11 月 1 日

品种权人　贵州省油菜研究所

花　生
Arachis hypogaea L.

开农 41

品种权号　CNA20090036.5

授 权 日　2014 年 1 月 1 日

品种权人　开封市农林科学研究院

品种来源　以 83-13 为母本，以豫花 1 号为父本杂交组配而成。

审定情况　2005 年通过河南省农作物品种审定委员会审定通过，审定编号为豫审花 2005003。2008 年通过全国花生品种鉴定委员会鉴定通过，审定编号为国品鉴花生 2008011。

特征性状　普通型早熟花生品种。出苗快而整齐，前中期长势较强，抗黄化，后期不早衰，生育期 117d。株型直立，较紧凑，连续开花，叶片深绿色、椭圆形。主茎高 37.96 cm，侧枝长 40.69 cm，总分枝 8 个，单株饱果 9 个。荚果普通型，网纹较浅，百果重 183.34 g，每 500 g 荚果 400 个。籽仁椭圆形，粉红色，无油斑，无裂纹，百仁重 81.24 g，每 500 g 果仁 799 个，出仁率 76.6%。

品质测定　经农业部农产品质量监督检验测试中心（郑州）测定，脂肪含量 52.79%，蛋白质含量 27.32%，油酸含量 41.8%，亚油酸含量 32.8%，油酸 / 亚油酸比值为 1.27。

抗性表现　高抗青枯病，中抗叶斑病，未发生病毒病和枯萎病。

产量表现　2002—2004 年参加河南省花生区域试验和生产试验，平均亩产荚果和籽仁分别为 237.07 kg 和 176.45 kg。2005—2007 年参加全国北方区片花生区域试验和生产试验，平均亩产荚果和籽仁分别为 242.79 kg 和 185.09 kg。2006 年在开封县陈留镇高产示范，经开封市科技局组织专家测产验收，平均亩产荚果 530.16 kg。2007 年在开封市金明区杏花营镇千亩连片示范，平均亩产荚果 374.8 kg。

适宜区域　适应性强，丰产性、稳产性、抗逆性好，适宜于河南省各地及河北、山东、北京、安徽等北方同类花生区作夏直播和麦套种植。

• 开农 41 荚果

郑农花 7 号

品种权号 CNA20090159.6

授 权 日 2014 年 3 月 1 日

品种权人 郑州市农林科学研究所

品种来源 1995 年以引自徐州市农科所的 8636-96M 为母本，以 82105-2-4 为父本进行杂交后，采用系谱法，经连续自交 7 代选育而成优质、高产、早熟、大果大粒型花生品种。

审定情况 豫审花 2007003。

特征性状 植株疏枝直立，叶片淡绿色、椭圆形、中小，主茎高 47.5 cm，侧枝长 50.75 cm，总分枝 8.9 个，结果枝 6.3 个。荚果普通型，果嘴锐，果长，网纹粗、较深，缩缢明显，百果重 224.1 g，饱果率 74.7%。籽仁椭圆形，粉红色，百仁重 90.1 g，出仁率 68.6%。结实性强，丰产性好，全生育期 125 d 左右。

品质测定 据农业部农产品质量监督检验测试中心（郑州）化验分析，种子蛋白质含量 22.23%，含油量 56.34%，油酸含量 39.4%，亚油酸含量 38.0%，油酸亚油酸比值为 1.04。

抗性表现 据河南省农科院植保所鉴定结果为，高抗花生病毒病和锈病、抗病毒病、根腐病。

产量表现 河南省麦套花生区域试验，2005—2006 年 9 点平均荚果产量为 4 483.58 kg/hm^2。河南省麦套花生生产试验，平均荚果产量为 4 210.05 kg/hm^2。

适宜区域 适宜于河南省及周边省份春播、麦套花生地区种植。

• 郑农花 7 号单株

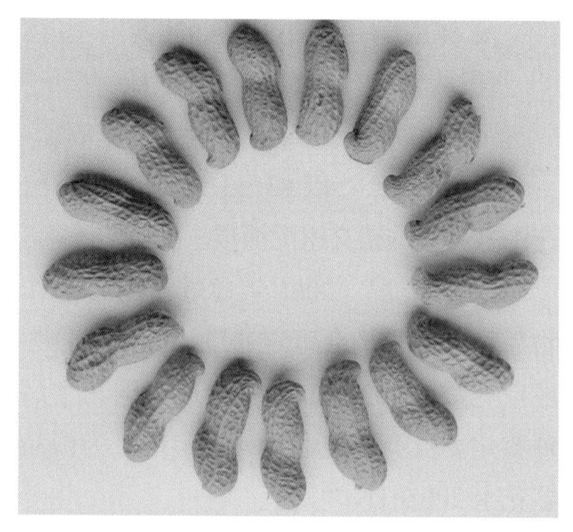

• 郑农花 7 号荚果

• 郑农花 7 号籽粒

商研 9658

品种权号　CNA20100330.5

授 权 日　2014 年 3 月 1 日

品种权人　商丘市农林科学研究所

品种来源　以豫花 7 号为母本，以 8130 为父本进行杂交后，经连续 5 代系统选育而成。其中，母本豫花 7 号引自河南省农业科学院经济作物研究所；父本 8130 引自山东省花生研究所育成。

审定情况　2008 年通过河南省农作物品种审定委员会审定，审定编号为豫审花 2008007。

特征性状　疏枝直立，生育期 125 d 左右。叶片椭圆形，淡绿色，主茎高 48.5 cm；连续开花，总分枝 8 ～ 10 条，结果枝 6 ～ 7 条，单株结果数 12 ～ 18 个；荚果为普通型，果嘴微锐，网纹细略深，缩缢稍深；籽仁椭圆形、粉红色，无光泽，百果重 207.8 g，百仁重 84.7 g，出仁率 70.7%。

品质测定　经农业部农产品质量监督检验测试中心（郑州）检测结果为，籽仁蛋白质 25.71%，粗脂肪 50.42%，油酸 49.2%，亚油酸 28%。

抗性表现　经河南省农业科学院植保所抗病性鉴定结果为，高抗花生锈病，抗花生网斑病，抗叶斑病，抗病毒病，抗根腐病。

产量表现　2005 年参加河南省麦套花生区域试验，荚果产量 4 369.8 kg/hm^2，2006 年继试，荚果产量 4 535.3 kg/hm^2。2006 年省生产试验，荚果产量 4 242.2 kg/hm^2。

适宜区域　适宜于河南省及周边地区春播和麦垄套种。

• 商研 9658 单株

航花 1 号

品种权号　CNA20080502.9

授 权 日　2014 年 1 月 1 日

品种权人　广东省农业科学院作物研究所

开农 49

品种权号　CNA20090035.6

授 权 日　2014 年 1 月 1 日

品种权人　开封市农林科学研究院

花育 31 号

品种权号　CNA20080505.3
授 权 日　2014 年 3 月 1 日
品种权人　山东省花生研究所

丰花 6 号

品种权号　CNA20090524.4
授 权 日　2014 年 3 月 1 日
品种权人　山东农业大学

山花 7 号

品种权号　CNA20090525.3
授 权 日　2014 年 3 月 1 日
品种权人　山东农业大学

濮花 9519

品种权号　CNA20090906.2
授 权 日　2014 年 3 月 1 日
品种权人　河南省濮阳农业科学研究所

棉 属
Gossypium L.

德棉 998

品种权号　CNA20090915.1
授 权 日　2014 年 11 月 1 日
品种权人　北京德农种业有限公司
中国农业科学院生物技术研究所

品种来源　以 sGK321 选系的 221 为母本，以鲁棉 22 选系的 238 为父本杂交育成的转抗虫基因中早熟杂交品种。

审定情况　国审棉 [2010]005 号。

特征性状　黄河流域棉区晚春播生育期 120 d。出苗旺，子叶肥大，苗壮，整个生育期长势强，整齐度好，结铃集中，吐絮畅。株高 106.2 cm，株型较松散，茎秆粗壮、茸毛多，叶片中等大小、深绿色，铃卵圆形、较大，第一果枝节位6.9节，单株结铃 17.3 个，单铃重 6.4 g。衣分 41.6%，子指 11.5 g，霜前花率 90.6%。

品质测定　HVICC 纤维上半部平均长度 30.0 mm，断裂比强度 28.2 cN/tex，马克隆值 5.2，断裂伸长率 6.3%，反射率 75.5%，黄色深度 7.6，整齐度指数 84.9%，纺纱均匀性指数 137。

• 德棉 998 单株

抗性表现 高抗枯萎病，耐黄萎病，抗棉铃虫。

产量表现 2007—2008年参加黄河流域棉区中早熟品种区域试验，2年平均子棉、皮棉和霜前皮棉每公顷产量分别为3 663.0 kg、1 530.0 kg和1 380.0 kg。2009年生产试验，子棉、皮棉及霜前皮棉每公顷产量分别为3 748.5 kg、1 582.5 kg和1 486.5 kg。

适宜区域 适宜于河北南部，山东西北、西南部，河南东部、北部，安徽、江苏淮河以北麦套棉种植。

中棉所72

品种权号 CNA20090953.4

授 权 日 2014年11月1日

品种权人 中国农业科学院棉花研究所

品种来源 以中561为母本，以中6053为父本杂交组配而成。其中，母本是以转基因抗虫棉sGK-中23变异株为基础材料，经自交6代选育而成；父本是以（中棉所25×中棉所35）F_1为基础材料，经自交8代选育而成的转基因抗虫杂交春棉品种。

审定情况 豫审棉2009016。

特征性状 生育期122 d。植株塔形，松散，株高110.3 cm；叶片大小适中，叶色较深，叶功能好；结铃性强且集中，铃卵圆形，铃重6.5 g，吐絮畅。平均第一果枝节位6.6节，单株果枝数14.1条，单株结铃数25.1个，子指12.0 g，衣分42.5%，霜前花率92.2%。

品质测定 棉铃上半部平均纤维长度30.3 mm，整齐度指数85.5%，断裂比强度29.0 cN/tex，伸长率6.2%，马克隆值5.1，反射率75.7%，黄度7.4，纺纱均匀性指数143.5。

抗性表现 耐枯萎病，耐黄萎病，抗棉铃虫。耐旱，抗倒伏中等。

产量表现 皮棉1 500～3 000 kg/hm^2。

适宜区域 适宜于河南省各棉区春直播或麦棉套作种植，应严格按照农业转基因生物安全证书允许的范围推广。

• 中棉所72单株

• 中棉所72田间群体

中棉所 75

品种权号　CNA20090954.3

授 权 日　2014年11月1日

品种权人　中国农业科学院棉花研究所

品种来源　以中棉所41为母本，以中9425为父本杂交组配而成的转抗虫基因中熟杂交一代品种。其中，母本是以中国农科院生物技术研究所构建的Bt+CpTI抗虫基因，通过花粉管通道法导入中棉所23中，经自交6代选育而成；父本是以中棉所35×（中324×苏联8908）复合杂交种为基础材料，经自交8代选育而成。

• 中棉所75单株

审定情况　国审棉2009009。

特征性状　生育期123 d。株高103.1 cm，株型松散，叶片较大、深绿色，第一果枝节位7.4节，单株结铃16.2个，铃卵圆形，吐絮畅，单铃重6.7 g，衣分40.7%，子指11.1 g，霜前花率92.7%。

品质测定　棉铃上半部平均纤维长度30.3 mm，整齐度指数85.4%，断裂比强度29.3 cN/tex，伸长率6.3%，马克隆值5.1，反射率75.7%，黄度7.7，纺纱均匀性指数144。

抗性表现　耐枯萎病，耐黄萎病，抗棉铃虫。

产量表现　皮棉1 500～3 000 kg/hm^2。

适宜区域　适宜于山东西南部、西北部，河南东部、北部，河北中南部，安徽淮河以北种植，应严格按照农业转基因生物安全证书允许的范围推广。

• 中棉所75田间群体

新海 34 号

品种权号　CNA20070597.0

授 权 日　2014年1月1日

品种权人　新疆德佳科技种业有限责任公司

冈杂棉 8 号 F1

品种权号　CNA20080471.5

授 权 日　2014年1月1日

品种权人　黄冈市农业科学院

冠棉4号

品种权号 CNA20080402.2
授 权 日 2014年3月1日
品种权人 山东冠丰种业科技有限公司

嘉星1号

品种权号 CNA20080585.1
授 权 日 2014年3月1日
品种权人 山东圣丰种业科技有限公司

嘉星5号

品种权号 CNA20080586.X
授 权 日 2014年3月1日
品种权人 山东圣丰种业科技有限公司

苏棉27

品种权号 CNA20080336.0
授 权 日 2014年9月1日
品种权人 江苏沿江地区农业科学研究所

EK288

品种权号 CNA20080689.0
授 权 日 2014年9月1日
品种权人 湖北省农业科学院经济作物研究所

绿亿棉11

品种权号 CNA20070402.8
授 权 日 2014年11月1日
品种权人 安徽绿亿种业有限公司

新陆早39号

品种权号 CNA20080468.5
授 权 日 2014年11月1日
品种权人 奎屯万氏棉花种业有限责任公司

鲁棉研34号

品种权号 CNA20080659.9
授 权 日 2014年11月1日
品种权人 山东棉花研究中心
中国农业科学院生物技术研究所

岱杂2号

品种权号 CNA20090483.3
授 权 日 2014年11月1日
品种权人 安徽安岱棉种技术有限公司

大白菜
Brassica campestris L. ssp. *pekinensis* (Lour.) Olsson

早熟 8 号

品种权号 CNA20080644.0
授 权 日 2014 年 3 月 1 日
品种权人 浙江省农业科学院

普通结球甘蓝
Brassica oleracea L. var. *capitata* (L.) Alef. var.*abla* DC.

瑞甘 50

品种权号 CNA20090168.5
授 权 日 2014 年 3 月 1 日
品种权人 江苏丘陵地区镇江农业科学研究所

苏甘 19

品种权号 CNA20090336.2
授 权 日 2014 年 3 月 1 日
品种权人 江苏省农业科学院

黔甘 3 号

品种权号 CNA20080465.0
授 权 日 2014 年 11 月 1 日
品种权人 贵州省园艺研究所

西园 10 号

品种权号 CNA20080800.1
授 权 日 2014 年 11 月 1 日
品种权人 西南大学

花椰菜
Brassica oleracea L.var. *botrytis* L.

科花 2 号

品种权号 CNA20080422.7
授 权 日 2014 年 3 月 1 日
品种权人 上海市农业科学院

CMS120

品种权号 CNA20080423.5
授 权 日 2014 年 3 月 1 日
品种权人 上海市农业科学院

普通番茄
Lycopersicon esculentum Mill.

浙杂 205

品种权号 CNA20080046.9
授 权 日 2014 年 11 月 1 日
品种权人 浙江省农业科学院
品种来源 以国外引进的一代杂种 9247 为基础材料经多代自交育成的自交系

选系 T9247-1-2-2-1 为母本，以 T01-198 为基础材料经多代自交育成的自交系 T01-198-1-2 为父本，杂交组配而成的杂交一代大红果番茄品种。

审定情况　浙认蔬 2007008，国品鉴菜 2008002。

特征性状　无限生长，长势中等，植株开展度较小，叶柄和茎秆的夹角较小，叶片较小。中早熟，第 1 花序发生于第 7 叶位，花序间隔 3 叶；坐果性佳，平均单株结果 16 ～ 18 个（6 穗果）。果实光滑圆整，无果肩，大小均匀，无棱沟，果洼小，果脐平，心室 3 ～ 4 个；成熟果大红色，色泽鲜亮，着色一致，商品果率高，商品性好，耐贮运，果实单果重 160 ～ 180 g。

品质测定　果实较硬，果皮韧性好，果肉厚，果实口感好、品质佳。

抗性表现　中抗叶霉病，抗番茄花叶病毒病（ToMV）、枯萎病。

产量表现　75 000 ～ 90 000 kg/hm^2

适宜区域　适宜于全国各地喜食大红果番茄地区栽培。

• 浙杂 205 果实

• 浙杂 205 田间群体

莎　龙

品种权号　CNA20090124.8

授 权 日　2014 年 3 月 1 日

品种权人　青岛市农业科学研究院

申粉 V-1

品种权号　CNA20090816.1

授 权 日　2014 年 3 月 1 日

品种权人　上海市农业科学院

雪　莉

品种权号　CNA20100446.6

授 权 日　2014 年 3 月 1 日

品种权人　瑞克斯旺种苗集团公司

合航 1 号

品种权号　CNA20090004.3

授 权 日　2014 年 11 月 1 日

品种权人　北京合信基业科技发展有限公司

黄　瓜
Cucumis sativus L.

东农 806

品种权号　CNA20090982.9
授 权 日　2014 年 3 月 1 日
品种权人　东北农业大学
特征性状　植株中矮、长势强，茎秆粗壮，节间短，分枝少、主蔓结瓜，第一雌花节位 4 ～ 5 节。抗病性好，高抗枯萎病、细菌性角斑病、病毒病，抗白粉病。瓜长 22 ～ 24 cm，瓜粗 3.5 ～ 4 cm，单瓜重 170 ～ 180 g，瓜条顺直，商品性好。果皮翠绿色，瘤少刺稀，白刺，果肉乳绿色，清香微甜，抗老化。抗病能力强，优质丰产，适合棚室栽培。

• 东农 806 果实

MC2065

品种权号　CNA20080060.4
授 权 日　2014 年 3 月 1 日
品种权人　山东省农业科学院蔬菜研究所

津优 35 号

品种权号　CNA20080282.8
授 权 日　2014 年 3 月 1 日
品种权人　天津科润农业科技股份有限公司

津优 36 号

品种权号　CNA20080283.6
授 权 日　2014 年 3 月 1 日
品种权人　天津科润农业科技股份有限公司

津优 38 号

品种权号　CNA20080284.4
授 权 日　2014 年 3 月 1 日
品种权人　天津科润农业科技股份有限公司

南雌 1 号

品种权号　CNA20100429.7
授 权 日　2014 年 3 月 1 日
品种权人　南京农业大学

南雎 2 号

品种权号 CNA20100430.4
授 权 日 2014 年 3 月 1 日
品种权人 南京农业大学

宁丰 09

品种权号 CNA20100432.2
授 权 日 2014 年 3 月 1 日
品种权人 南京农业大学

美雎 09

品种权号 CNA20100434.0
授 权 日 2014 年 3 月 1 日
品种权人 南京农业大学

津优 201

品种权号 CNA20090230.9
授 权 日 2014 年 9 月 1 日
品种权人 天津科润农业科技股份有限公司

冬 丽

品种权号 CNA20090475.3
授 权 日 2014 年 11 月 1 日
品种权人 北京华耐农业发展有限公司

东农 809

品种权号 CNA20090981.0
授 权 日 2014 年 11 月 1 日
品种权人 东北农业大学

辣椒属
Capsicum L.

申椒三号

品种权号 CNA20090770.5
授 权 日 2014 年 11 月 1 日
品种权人 上海市农业科学院

品种来源 以自选育成的高代黄椒自交系 P206-28 为母本，以自选育成的高代红椒自交系 P206-11 为父本，杂交育成的优良杂交一代红色彩椒品种。

审定情况 沪农品认蔬果（2009）第 002 号。

特征性状 中早熟，定植到生理成熟 72 d。株高 90 cm 左右，株幅 84 cm，主茎 10.6 节着生第 1 果，果顶向下着生，青熟果绿色，生理成熟果红色，色泽亮丽，果实长方灯笼形，花萼平展，梗洼凹下，果面光滑棱沟浅，果顶凹下，果皮硬，单果重 234 g，3 ～ 4 心室，果长 10.1 cm，果肩宽 7.7 cm。

品质测定 肉厚 6.7 mm，味甜质脆，品质优。

抗性表现 耐低温弱光，抗 TMV。

产量表现 30 156 kg/hm^2。

适宜区域 适宜于上海及周边江浙等地春季大棚保护地栽培。

• 申椒三号田间群体

• 申椒三号果实

N119

品种权号 CNA20090052.4
授 权 日 2014年1月1日
品种权人 江西农望高科技有限公司

绿 剑

品种权号 CNA20100444.8
授 权 日 2014年3月1日
品种权人 瑞克斯旺种苗集团公司

亮 剑

品种权号 CNA20100445.7
授 权 日 2014年3月1日
品种权人 瑞克斯旺种苗集团公司

H163

品种权号 CNA20080860.5
授 权 日 2014年9月1日
品种权人 袁俊水

H40

品种权号 CNA20080463.4
授 权 日 2014年11月1日
品种权人 贵州省园艺研究所

太阳红

品种权号 CNA20090281.7
授 权 日 2014年11月1日
品种权人 荷兰瑞克斯旺种苗集团公司

斯丁格

品种权号 CNA20090282.6
授 权 日 2014年11月1日
品种权人 荷兰瑞克斯旺种苗集团公司

艳椒 425

品种权号　CNA20090066.8
授 权 日　2014 年 11 月 1 日
品种权人　重庆市农业科学院

黔椒 3 号

品种权号　CNA20090313.9
授 权 日　2014 年 11 月 1 日
品种权人　贵州省园艺研究所

茄 子
Solanum melongena L.

盛圆一号

品种权号　CNA20090791.0
授 权 日　2014 年 1 月 1 日
品种权人　山东省华盛农业科学研究院

品种来源　2000 年春以 sh112 为母本，以 vc-7 为父本杂交组配而成。其中，母本是从韩国引进的圆茄品种 32732 中经抗病性选育筛选出的单株材料，采用系谱法经过 3 代选育处的早熟、耐寒、适应性强的品种；父本是以地方品种 7748-1 为基础材料，经 7 代单株系统选择育出的圆茄自交系。

特征性状　早熟品种，株型较紧凑，植株生长势中等，开展度小。叶片绿色发紫，叶片较小。早熟性好，一般 6 ～ 7 叶开始现蕾，果实近圆形，果脐小，皮色黑亮，萼片紫黑色，一般单果重 650 g 左右采收，果肉乳白色。着色比较均匀，不易出现白肚皮现象。

适宜区域　适宜于华北地区早春拱棚种植。

• 盛圆一号果实

• 盛圆一号田间群体

摩耐加

品种权号　CNA20060486.4
授 权 日　2014 年 11 月 1 日
品种权人　瑞克斯旺种苗集团公司

大葱
Allium fistulosum L.

金海 1 号

品种权号 CNA20080280.1
授 权 日 2014 年 1 月 1 日
品种权人 平顶山市园艺科学研究所

普通西瓜
Citrullus lanatus (Thunb.) Matsum et Nakai

华耐 0901

品种权号 CNA20090697.5
授 权 日 2014 年 1 月 1 日
品种权人 北京华耐农业发展有限公司

圣女红二号

品种权号 CNA20070580.6
授 权 日 2014 年 3 月 1 日
品种权人 上海市农业科学院

苏蜜 7 号

品种权号 CNA20080732.3
授 权 日 2014 年 11 月 1 日
品种权人 江苏省农业科学院

羞 月

品种权号 CNA20090005.2
授 权 日 2014 年 11 月 1 日
品种权人 北京华耐农业发展有限公司

华 欣

品种权号 CNA20090729.7
授 权 日 2014 年 11 月 1 日
品种权人 北京市农林科学院
北京京域威尔农业科技有限公司
北京京研益农科技发展中心

甜 瓜
Cucumis melo L.

黄 冠

品种权号 CNA20090961.4
授 权 日 2014 年 1 月 1 日
品种权人 北京华耐农业发展有限公司

菊 属
Chrysanthemum L.

铺地淡粉

品种权号　CNA20090870.4

授 权 日　2014年3月1日

品种权人　北京林业大学

品种来源　从播种的香玉×毛香玉的杂种一代中选出的中间材料，通过茎尖、茎段扦插繁殖，茎段、叶片、花瓣等的组织培养繁殖，而后经过连续两年筛选出的遗传性状稳定的品种。

特征性状　植株低矮，株高30～40 cm，冠幅40～50 cm，分枝性强，着花繁密，花径5.0～5.5 cm，花型为托桂型。舌状花淡粉色，芳香，花期9月上旬至10月上旬。

• 铺地淡粉花序

抗性表现　具有较强的抗寒性，可抗-20～-30℃严寒，可在三北各地露地越冬。抗旱性很强，除定植时浇两次透水外，成活后一般无需再浇水。抗病虫害，从定植到开花只需喷1～2遍药。耐半阴，地被菊是喜光植物，但也有一定的耐阴性。耐瘠薄土，可在石缝、石砾中生长；耐盐碱，可在中、轻盐碱地栽培应用。抗污染，经测定，对氯气及二氧化硫均有很强的抗性；耐粗放管理。

适宜区域　可广泛应用于南北园林中，最适生长区为华北地区大部、西北地区中部及东北辽宁的南部种植。

• 铺地淡粉群体

繁花似锦

品种权号　CNA20090874.0

授 权 日　2014年3月1日

品种权人　北京林业大学

品种来源　从播种的新红的天然授粉后代中选出的中间材料，通过茎尖、茎段扦插繁殖，茎段、叶片、花瓣等的组织培养繁殖，而后经过连续两年筛选出的遗传性状稳定的品种。

特征性状 株高 60 ～ 70 cm，冠幅 55 ～ 65 cm，生长势强，分枝性强，着花繁密，花径 4.0 ～ 5.5 cm，复瓣，舌状花紫红色，芳香。花期较长，为 9—10 月。

抗性表现 具有较强的抗寒性，可抗 -20 ～ -30℃严寒，可在三北各地露地越冬。抗旱性很强，除定植时浇两次透水外，成活后一般无需再浇水。抗病虫害，从定植到开花只需喷 1 ～ 2 遍药。耐半阴，地被菊是喜光植物，但也有一定的耐阴性。耐瘠薄土，可在石缝、石砾中生长。耐盐碱，可在中、轻盐碱地栽培应用。抗污染，经测定，对氯气及二氧化硫均有很强的抗性；耐粗放管理。

适宜区域 可以广泛应用于南北园林中，最适生长区为华北地区大部、西北地区中部及东北辽宁的南部。

• 繁花似锦植株

• 繁花似锦花序

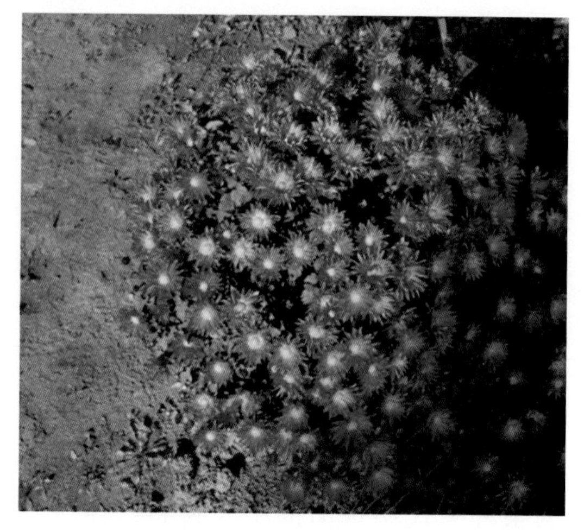

• 繁花似锦群体

旗 袍

品种权号 CNA20090876.8

授 权 日 2014 年 3 月 1 日

品种权人 北京林业大学

品种来源 从播种的美矮黄 × 铺地金的杂种一代中选出的中间材料，通过茎尖、茎段扦插繁殖，茎段、叶片、花瓣等的组织培养繁殖，而后经过连续两年筛选出的遗传性状稳定的品种。

特征性状 株高 30 ～ 35 cm，冠幅 40 ～ 50 cm，生长势强，节间短，着花繁密，花径 3.0 ～ 3.5 cm，复瓣，舌状花红色，淡香，花期 9—10 月。

抗性表现 具有较强的抗寒性，可抗 -20 ～ -30℃严寒，可在三北各地露地越冬。抗旱性很强，除定植时浇两次透水外，成活后一般无需再浇水。抗病虫害，从定植到开花只需喷 1 ～ 2 遍药。耐半阴，地被菊是喜光植物，但也有一定的耐阴性。耐瘠薄土，可在石缝、石砾中生长。

耐盐碱，可在中、轻盐碱地栽培应用。抗污染，经测定，对氯气及二氧化硫均有很强的抗性；耐粗放管理。

适宜区域 可广泛应用于南北园林中，最适生长区为华北地区大部、西北地区中部及东北辽宁的南部种植。

• 旗袍花序

• 旗袍群体

金 珠

品种权号 CNA20090878.6

授 权 日 2014 年 3 月 1 日

品种权人 北京林业大学

品种来源 是从播种的新红 × 晚霞的杂种一代中选出，通过茎尖、茎段扦插繁殖，茎段、叶片、花瓣等的组织培养繁殖，而后经过连续两年筛选出的遗传性状稳定的品种。

特征性状 植株低矮，株高 30 ～ 40 cm，冠幅 55 ～ 65 cm，分枝性强，着花繁密，花径 4.0 ～ 4.5 cm，重瓣，舌状花纯黄色，浓香，花期9月中旬至10月下旬。

• 金珠花序

抗性表现 具有较强的抗寒性，可抗 -20 ～ -30℃严寒，可在三北各地露地越冬。抗旱性很强，除定植时浇两次透水外，成活后一般无需再浇水。抗病虫害，从定植到开花只需喷1～2遍药。耐半阴，地被菊是喜光植物，但也有一定的耐阴性。耐瘠薄土，可在石缝、石砾中生长。耐盐碱，可在中、轻盐碱地栽培应用。抗污染，经测定，对氯气及二氧化硫均有很强的抗性；耐粗放管理。

适宜区域 可广泛应用于南北园林中，最适生长区为华北地区大部、西北地区中部及东北辽宁的南部种植。

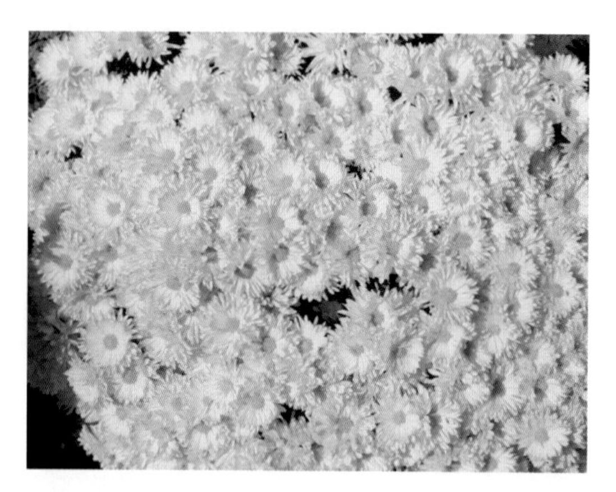

• 金珠群体

滇之霜

品种权号 CNA20090243.4

授权日 2014年11月1日

品种权人 昆明虹之华园艺有限公司

品种来源 2004年利用自育品系Y1B6-3100为母本，以市售品种海波为父本进行杂交，经5年5代系统选育，于2008年培育成的夏季自然开花的切花品种。

特征性状 株型直立，植株高度中；茎秆粗细中，茎秆强度强，茎纵向有棱；摘心后分枝少，侧枝侧蕾发生程度少；节间长度短；叶片长度短，叶宽中，叶的长宽比大，叶基部形状凹，叶先端尖，叶的一次裂刻深，叶二次裂刻深；花簇形状平，花蕾平，花径极大，舌状小花大于5轮，盛开不露心，舌状小花数中多，平瓣，花瓣先端齿形，外花瓣曲反状况扭曲，内花瓣曲反状况扭曲，花瓣长度极长，花瓣宽带中，舌状花表面色彩均一；上部1节2次侧蕾发生的程度25%～49%。花径大小9.28～10.86 cm，舌状小花数255～314瓣。

抗性表现 抗白锈病、灰霉病，抗蓟马、红蜘蛛。

产量表现 20 250～29 250 kg/hm^2；一级花单枝重65 g，二级花单枝重55～64 g，三级花单枝重45～54 g。450 000枝/hm^2。

适宜区域 既适宜温室栽培又适宜露地栽培，一般在4月份定植，6—7月开花。

• 滇之霜花序

滇之如

品种权号　CNA20090244.3

授 权 日　2014 年 11 月 1 日

品种权人　昆明虹之华园艺有限公司

品种来源　2004 年以市售品种白云为母本，以自己收集的野生菊花资源 X2B7-096 为父本进行杂交，经 6 年 6 代系统选育，于 2007 年培育成的夏季自然开花的切花品种。

特征性状　株型直立，植株高；茎秆细，茎秆强度强，茎纵向有棱；摘心后分枝中，侧枝侧蕾发生程度中；节间长度中短；叶片长度中，叶片宽，叶的长宽比大，叶基部形状凸，叶先端尖，叶的一次裂刻中，叶二次裂刻中；花簇形状平，花蕾平，花径小，舌状小花 1 ～ 2 轮，舌状小花数极少，花瓣匙形，花瓣先端齿形，花瓣长度中，舌状花表面色彩均一。

• 滇之如植株

抗性表现　抗白锈病、灰霉病，抗蓟马、红蜘蛛。

产量表现　24 750 ～ 33 750 kg/hm^2；一级花单枝重 75 g，二级花单枝重 65 ～ 74 g，三级花单枝重 55 ～ 64 g。450 000 枝 /hm^2。

适宜区域　既适宜温室栽培又适宜露地栽培，一般在 4 月份定植，6—7 月开花。

滇之华

品种权号　CNA20090245.2

授 权 日　2014 年 11 月 1 日

品种权人　昆明虹之华园艺有限公司

品种来源　2002 年以市售品种夕阳为母本，以自育品系 X2H7-089 为父本进行杂交，经 6 年 6 代系统选育，于 2007 年培育成的夏季自然开花的切花品种。

特征性状　株型直立，植株高；茎秆粗细中，茎秆强度强，茎纵向有棱；摘心后分枝多，侧枝侧蕾发生程度少；节间长度中短；叶片长度中，叶宽极宽，叶的长宽比大，叶基部形状凹，叶先端尖，叶的一次裂刻中，叶二次裂刻中；花簇形状凹，花蕾平，花径小，舌状小花 1 ～ 2 轮，舌状小花数极少，平瓣，花瓣先端齿形，花瓣长度短，舌状花表面色彩均一。

抗性表现　抗白锈病、灰霉病，抗蓟马、红蜘蛛。

产量表现　24 750 ～ 33 750 kg/hm^2；一级花单枝重 75 g，二级花单枝重 65 ～ 74 g，三级花单枝重 55 ～ 64 g。450 000 枝 /hm^2。

适宜区域 既适宜温室栽培又适宜露地栽培，一般在4月份定植，6—7份开花。

• 滇之华植株

滇之光

品种权号 CNA20090246.1

授 权 日 2014年11月1日

品种权人 昆明虹之华园艺有限公司

品种来源 2002年以市售品种夕阳为母本，以自育品系X2H7-089为父本进行杂交，经6年6代系统选育，于2007年培育成的夏季自然开花的切花品种。

特征性状 株型直立，植株高度中；茎秆粗细中，茎秆强度强，茎纵向有棱；摘心后分枝多，侧枝侧蕾发生程度少；节间长度中短；叶片长度中，叶宽中，叶的长宽比大，叶基部形状凹，叶先端尖；花簇形状凹，花蕾平，花径小，舌状小花1～2轮，舌状小花数少，平瓣，花瓣先端圆，花瓣长度中，花瓣表面色彩均一。

抗性表现 抗白锈病、灰霉病，抗蓟马、红蜘蛛。

产量表现 24 750～33 750 kg/hm^2；一级花单枝重75 g，二级花单枝重65～74 g，三级花单枝重55～64 g。450 000枝/hm^2。

适宜区域 适宜温室栽培又适宜露地栽培，一般在4月份定植，6—7月开花。

• 滇之光植株

滇之冰

品种权号 CNA20090247.0

授 权 日 2014年11月1日

品种权人 昆明虹之华园艺有限公司

品种来源 2004年以自育品系N3Q8-2069为母本，以市售品种新新为父本进行杂交，经5年5代系统选育，于2008年培育成的夏季自然开花的切花品种。

特征性状 株型直立，植株高度中；茎秆粗细中，茎秆强度强，茎纵向有棱；摘心后分枝中，侧枝侧蕾发生程度中；节间长度中；叶片长度长，叶宽极宽，叶的长宽比大，叶基部形状平，叶先端尖，叶的一次裂刻中，叶二次裂刻中；花簇形状平，花蕾平，花径中，舌状小花1～2轮，舌状小花数极少，平瓣，花瓣先端齿形，花瓣长度长，舌状花表面色彩均一。

抗性表现 抗白锈病、灰霉病，抗蓟马、红蜘蛛。

产量表现 24 750 ～ 33 750 kg/hm^2；一级花单枝重75 g，二级花单枝重65 ～ 74 g，三级花单枝重55 ～ 64 g。450 000枝/hm^2。

适宜区域 既适宜温室栽培又适宜露地栽培，一般在4月份定植，6—7月开花。

• 滇之冰群体

滇之寒

品种权号 CNA20090248.9

授 权 日 2014年11月1日

品种权人 昆明虹之华园艺有限公司

品种来源 2004年以自育品系N2H6-2016为母本，以市售品种金州为父本进行杂交，经5年5代系统选育，于2008年培育成的夏季自然开花的切花品种。

特征性状 株型直立，植株高度中；茎秆粗细中，茎秆强度强，茎纵向有棱；摘心后分枝中，侧枝侧蕾发生程度中；节间长度中短；叶片长度短，叶片宽度中等，叶的长宽比大，叶基部形状平，叶先端尖，叶的一次裂刻中，叶二次裂刻中；花簇形状平，花蕾平，花径小，舌状小花1～2轮，舌状小花数少，花瓣匙形，花瓣先端圆，花瓣长度中，舌状花表面色彩均一。

抗性表现 抗白锈病、灰霉病，抗蓟马、红蜘蛛。

• 滇之寒植株

产量表现 24 750 ～ 33 750 kg/hm^2；一级花单枝重 75 g，二级花单枝重 65 ～ 74 g，三级花单枝重 55 ～ 64 g。450 000 枝 /hm^2。

适宜区域 既适宜温室栽培又适宜露地栽培，一般在 4 月份定植，6—7 月开花。

滇之独

品种权号 CNA20090249.8

授 权 日 2014 年 11 月 1 日

品种权人 昆明虹之华园艺有限公司

品种来源 2003 年以市售品种金香为母本，以自育品系 N2F6-2012 为父本进行杂交，经 5 年 5 代系统选育，于 2007 年培育而成。

• 滇之独植株

特征性状 株型直立，植株高度中；茎秆粗细中，茎秆强度强，茎纵向有棱；摘心后分枝中，侧枝侧蕾发生程度中；节间长度中短；叶片长度中，叶片宽，叶的长宽比大，叶基部形状凸，叶先端尖；花簇形状平，花蕾平，花径小，舌状小花 1 ～ 2 轮，舌状小花数少，平瓣，花瓣先端尖，花瓣长度中。

抗性表现 抗白锈病、灰霉病，抗蓟马、红蜘蛛。

产量表现 24 750 ～ 33 750 kg/hm^2；一级花单枝重 75 g，二级花单枝重 65 ～ 74 g，三级花单枝重 55 ～ 64 g。450 000 枝 /hm^2。

适宜区域 既适宜温室栽培又适宜露地栽培，一般在 4 月份定植，6—7 月开花。

滇之芒

品种权号 CNA20090250.4

授 权 日 2014 年 11 月 1 日

品种权人 昆明虹之华园艺有限公司

品种来源 2003 年以市售品种金香为母本，以自育品系 N2F6-2012 为父本进行杂交，经 5 年 5 代系统选育，于 2007 年培育成的夏季自然开花的切花品种。

特征性状 株型直立，植株高；茎秆粗细中，茎秆强度强，茎纵向有棱；摘心后分枝中，侧枝侧蕾发生程度中；节间长度中短；叶片长度中，叶宽中，叶的长宽比大，叶基部形状平，叶先端尖，叶的一次裂刻深，叶二次裂刻中；花簇形状平，花蕾平，花径小，舌状小花 1 ～ 2 轮，舌状小花数极少，平瓣，花瓣先端齿形，花瓣长度短，舌状花表面色彩均一。

抗性表现 抗白锈病、灰霉病，抗

蓟马、红蜘蛛。

产量表现 24 750 ～ 33 750 kg/hm^2；一级花单枝重 75 g，二级花单枝重 65 ～ 74 g，三级花单枝重 55 ～ 64 g。450 000 枝 /hm^2。

适宜区域 既适宜温室栽培又适宜露地栽培，一般在 4 月份定植，6—7 月开花。

• 滇之芒植株

滇之立

品种权号 CNA20090251.3

授 权 日 2014 年 11 月 1 日

品种权人 昆明虹之华园艺有限公司

品种来源 2004 年以市售品种夏雨为母本，以自己收集的野生菊花资源 X1H8-126 为父本进行杂交，经 5 年 5 代系统选育，于 2008 年培育成的夏季自然开花的切花品种。

特征性状 株型直立，植株高度高；茎秆粗细中，茎秆强度强，茎纵向有棱；摘心后分枝少，侧枝侧蕾发生程度少；节间长度短；叶片长度长，叶片宽，叶的长宽比大，叶基部形状凸，叶先端圆钝，叶的一次裂刻深，叶二次裂刻中；花簇形状平，花蕾平，花径大，舌状小花大于 5 轮，盛开不露心，舌状小花数中多，平瓣，花瓣先端齿形，外花瓣曲反状况平伸，内花瓣曲反状况平伸，花瓣长度极长，花瓣宽带中，舌状花表面色彩均一；上部 1 节 2 次侧蕾发生的程度 0% ～ 24%。花径大小 9.86 ～ 11.44 cm，舌状小花数 289 ～ 342 瓣。

抗性表现 抗白锈病、灰霉病，抗蓟马、红蜘蛛。

产量表现 20 250 ～ 29 250 kg/hm^2；一级花单枝重 65 g，二级花单枝重 55 ～ 64 g，三级花单枝重 45 ～ 54 g。450 000 枝 /hm^2。

• 滇之立花序

适宜区域 既适宜温室栽培又适宜露地栽培，一般在4月份定植，6—7月开花。

滇之聚

品种权号 CNA20090252.2

授 权 日 2014年11月1日

品种权人 昆明虹之华园艺有限公司

品种来源 2002年以市售品种红光为母本，以自育品系X2C7-097为父本进行杂交，经6年6代系统选育，于2007年培育而成。

特征性状 株型直立，植株高；茎秆粗细中，茎秆强度强；侧枝侧蕾发生程度中；叶片长度中，叶片宽度中，叶长宽比大，叶表面及叶背面色绿；花径小，舌状小花1～2轮，花瓣平瓣、色彩分布均一。

• 滇之聚植株

抗性表现 抗白锈病、灰霉病，抗蓟马、红蜘蛛。

产量表现 24 750 ～ 3 3750 kg/hm²; 一级花单枝重75 g，二级花单枝重65～74 g，三级花单枝重55～64 g。450 000枝/hm²。

适宜区域 既适宜温室栽培又适宜露地栽培，一般在4月份定植，6—7月开花。

滇之妃

品种权号 CNA20090253.1

授 权 日 2014年11月1日

品种权人 昆明虹之华园艺有限公司

品种来源 2002年以市售品种红光为母本，以自育品系X2C7-097为父本进行杂交，经6年6代系统选育，于2007年培育成的夏季自然开花的切花品种。

特征性状 株型直立，植株高度中；茎秆细，茎秆强度强，茎纵向有棱；摘心后分枝中，侧枝侧蕾发生程度中；节间长度短；叶片长度中，叶片宽度中，叶的长宽比大，叶基部形状平，叶先端尖；花簇形状为圆筒形，花蕾平，花径小，舌状小花1～2轮，舌状小花数少，平瓣，花瓣先端尖，花瓣长度中，舌状花表面色彩均一。

抗性表现 抗白锈病、灰霉病，抗蓟马、红蜘蛛。

产量表现 24 750 ～ 33 750 kg/hm²；一级花单枝重75 g，二级花单枝重65～74 g，三级花单枝重55～64 g。450 000枝/hm²。

适宜区域 既适宜温室栽培又适宜露地栽培，一般在4月份定植，6—7月开花。

• 滇之妃植株

微香粉团

品种权号 CNA20090869.7

授 权 日 2014年11月1日

品种权人 北京林业大学

品种来源 从播种的旗袍×繁花似锦的杂种一代中选出的中间材料，通过茎尖、茎段扦插繁殖，茎段、叶片、花瓣等的组织培养繁殖，而后经过连续两年筛选出的遗传性状稳定的品种。

特征性状 植株低矮，株高25～30 cm，冠幅40～50 cm，分枝性强。着花繁密，花径3.5～4.0 cm，复瓣，舌状花粉色，微香。花期为9月中旬至10月上旬。

抗性表现 具有较强的抗寒性，可抗-20～-30℃严寒，可在三北各地露地越冬。抗旱性很强，除定植时浇两次透水外，成活后一般无需再浇水。抗病虫害，从定植到开花只需喷1～2遍药。耐半阴，地被菊是喜光植物，但也有一定的耐阴性。耐瘠薄土，可在石缝、石砾中生长。耐盐碱，可在中、轻盐碱地栽培应用。抗污染，经测定，对氯气及二氧化硫均有很强的抗性；耐粗放管理。

适宜区域 可广泛应用于南北园林中，最适生长区为华北地区大部、西北地区中部及东北辽宁的南部种植。

• 微香粉团群体

• 微香粉团群体

旌 旗

品种权号　CNA20090879.5

授 权 日　2014 年 11 月 1 日

品种权人　北京林业大学

品种来源　从播种的晚霞 × 四季黄的杂种一代中选出的中间材料，通过茎尖、茎段扦插繁殖，茎段、叶片、花瓣等的组织培养繁殖，而后经过连续两年筛选出的遗传性状稳定的品种。

特征性状　植株低矮，株高 30 ～ 35 cm，冠幅 50 ～ 65 cm，分枝性强，着花繁密，花径 3.0 ～ 3.5 cm，复瓣，舌状花正黄背红，芳香。花期为 8 月中旬至 9 月中旬。

• 旌旗花序

• 旌旗群体

抗性表现　具有较强的抗寒性，可抗 -20 ～ -30℃严寒，可在三北各地露地越冬。抗旱性很强，除定植时浇两次透水外，成活后一般无需再浇水。抗病虫害，从定植到开花只需喷 1 ～ 2 遍药。耐半阴，地被菊是喜光植物，但也有一定的耐阴性。耐瘠薄土，可在石缝、石砾中生长。耐盐碱，可在中、轻盐碱地栽培应用。抗污染，经测定，对氯气及二氧化硫均有很强的抗性；耐粗放管理。

适宜区域　可广泛应用于南北园林中，最适生长区为华北地区大部、西北地区中部及东北辽宁的南部种植。

恋 宇

品种权号　CNA20090880.2

授 权 日　2014 年 11 月 1 日

品种权人　北京林业大学

品种来源　从播种的繁花似锦 × 旗袍的杂种一代中选出的中间材料，通过茎尖、茎段扦插繁殖，茎段、叶片、花瓣等的组织培养繁殖，而后经过连续两年筛选出的遗传性状稳定的品种。

特征性状　植株低矮，株高 25 ～ 35 cm，冠幅 35 ～ 45 cm，分枝性强，着花繁密，花径 4.0 ～ 4.5 cm，复瓣，舌状花紫红色，芳香，花期为 9 月上旬至 10 月上旬。

抗性表现　具有较强的抗寒性，可抗 -20 ～ -30℃严寒，可在三北各地露地越冬。抗旱性很强，除定植时浇两次透水外，成活后一般无需再浇水。抗病虫害，从定植到开花只需喷 1 ～ 2 遍药。耐半阴，地被菊是喜光植物，但也有一定的耐阴性。耐瘠薄土，可在石缝、石砾中生长。耐盐碱，可在中、轻盐碱地栽培应用。抗污染，经测定，对氯气及二氧化硫均有很强的抗性；耐粗放管理。

适宜区域　可广泛应用于南北园林中，最适生长区为华北地区大部、西北地区中部及东北辽宁的南部种植。

• 恋宇群体

• 恋宇群体

朝阳红

品种权号　CNA20090881.1

授 权 日　2014 年 11 月 1 日

品种权人　北京林业大学

品种来源　从播种的旗袍 × 繁花似锦的杂种一代中选出的中间材料，通过茎尖、茎段扦插，茎段、叶片、花瓣等的组织培养繁殖，而后经过连续两年筛选出的遗传性状稳定的品种。

特征性状　植株低矮，株高 30 ～ 35 cm，冠幅 50 ～ 55 cm，分枝性强，着花繁密，花径 5.0 ～ 5.5 cm，单瓣，舌状花红色，芳香，花期为 9 月上旬至 10 月上旬。

• 朝阳红群体

• 朝阳红群体

抗性表现　具有较强的抗寒性，可抗 -20 ～ -30℃严寒，可在三北各地露地越冬。抗旱性很强，除定植时浇两次透水外，成活后一般无需再浇水。抗病虫害，从定植到开花只需喷 1 ～ 2 遍药。耐半阴，地被菊是喜光植物，但也有一定的耐阴性。耐瘠薄土，可在石缝、石砾中生长。耐盐碱，可在中、轻盐碱地栽培应用。抗污染，经测定，对氯气及二氧化硫均有很强的抗性；耐粗放管理。

适宜区域 可广泛应用于南北园林中，最适生长区为华北地区大部、西北地区中部及东北辽宁的南部种植。

骄阳红

品种权号 CNA20090882.0

授 权 日 2014年11月1日

品种权人 北京林业大学

品种来源 从播种的旗袍×繁花似锦的杂种一代中选出的中间材料，通过茎尖、茎段扦插繁殖，茎段、叶片、花瓣等的组织培养繁殖，而后经过连续两年筛选出的遗传性状稳定的品种。

特征性状 植株低矮，株高20～25 cm，冠幅50～55 cm，分枝性强，着花繁密，花径3.5～4.0 cm，单瓣，舌状花红色，芳香，花期9月中旬—10月中旬。

抗性表现 具有较强的抗寒性，可抗-20～-30℃严寒，可在三北各地露地越冬；抗旱性很强，除定植时浇两次透水外，成活后一般无需再浇水；抗病虫害，从定植到开花只需喷1～2遍药；耐半阴，地被菊是喜光植物，但也有一定的耐阴性；耐瘠薄土，可在石缝、石砾中生长；耐盐碱，可在中、轻盐碱地栽培应用；抗污染，经测定，对氯气及二氧化硫均有很强的抗性；耐粗放管理。

适宜区域 可以广泛应用于南北园林中，最适生长区为华北地区大部、西北地区中部及东北辽宁的南部种植。

• 骄阳红花序

• 骄阳红群体

黄金甲

品种权号 CNA20090883.9

授 权 日 2014年11月1日

品种权人 北京林业大学

品种来源 从播种的淡淡的黄×朱海金心的杂种一代中选出的中间材料，通过茎尖、茎段扦插繁殖，茎段、叶片、花瓣等的组织培养繁殖，而后经过连续两年筛选出的遗传性状稳定的品种。

特征性状 植株低矮，株高 25 ～ 30 cm，冠幅 50 ～ 60 cm，分枝性强，着花繁密，花径 4.0 ～ 4.5 cm，复瓣，舌状花黄色，芳香，花期为 9 月上旬至 10 月上旬。

抗性表现 具有较强的抗寒性，可抗 -20 ～ -30℃严寒，可在三北各地露地越冬。抗旱性很强，除定植时浇两次透水外，成活后一般无需再浇水。抗病虫害，从定植到开花只需喷 1 ～ 2 遍药。耐半阴，地被菊是喜光植物，但也有一定的耐阴性。耐瘠薄土，可在石缝、石砾中生长。耐盐碱，可在中、轻盐碱地栽培应用。抗污染，经测定，对氯气及二氧化硫均有很强的抗性；耐粗放管理。

适宜区域 可广泛应用于南北园林中，最适生长区为华北地区大部、西北地区中部及东北辽宁的南部种植。

• 黄金甲群体

• 黄金甲群体

景天红

品种权号 CNA20090884.8

授 权 日 2014 年 11 月 1 日

品种权人 北京林业大学

品种来源 从播种的繁花似锦 × 旗袍的杂种一代中选出的中间材料，通过茎尖、茎段扦插繁殖，茎段、叶片、花瓣等的组织培养繁殖，而后经过连续两年筛选出的遗传性状稳定的品种。

特征性状 株高 30 ～ 35 cm，冠幅 50 ～ 55 cm，生长势强，节间短。着花繁密，花径 5.5 ～ 6.5 cm，复瓣，舌状花暗红色，淡香。花期为 9—10 月。

抗性表现 具有较强的抗寒性，可抗 -20 ～ -30℃严寒，可在三北各地露地越冬。抗旱性很强，除定植时浇两次透水外，成活后一般无需再浇水。抗病虫害，从定植到开花只需喷 1 ～ 2 遍药。耐半阴，地被菊是喜光植物，但也有一定的耐阴性。耐瘠薄土，可在石缝、石砾中生长。耐盐碱，可在中、轻盐碱地栽培应用。抗污染，经测定，对氯气及二氧化硫均有很强的抗性；耐粗放管理。

• 景天红花序

适宜区域　可广泛应用于南北园林中，最适生长区为华北地区大部、西北地区中部及东北辽宁的南部种植。

• 景天红群体

红　贵

品种权号　CNA20090885.7

授 权 日　2014 年 11 月 1 日

品种权人　北京林业大学

品种来源　从播种的旗袍 × 繁花似锦的杂种一代中选出的中间材料，通过茎尖、茎段扦插，茎段、叶片、花瓣等的组织培养繁殖，而后经过连续两年筛选出的遗传性状稳定的品种。

特征性状　植株低矮，株高 30 ～ 35 cm，冠幅 45 ～ 50 cm，分枝性强，着花繁密，花径 4.5 ～ 5.0 cm，复瓣，舌状花红色，芳香，花期为 9 月中旬至 10 月中旬。

抗性表现　具有较强的抗寒性，可抗 -20 ～ -30℃严寒，可在三北各地露地越冬。抗旱性很强，除定植时浇两次透水外，成活后一般无需再浇水。抗病虫害，从定植到开花只需喷 1 ～ 2 遍药。耐半阴，地被菊是喜光植物，但也有一定的耐阴性。耐瘠薄土，可在石缝、石砾中生长。耐盐碱，可在中、轻盐碱地栽培应用。抗污染，经测定，对氯气及二氧化硫均有很强的抗性；耐粗放管理。

适宜区域　可以广泛应用于南北园林中，最适生长区为华北地区大部、西北地区中部及东北辽宁的南部种植。

• 红贵群体

• 红贵群体

欧宝粉

品种权号　CNA20050882.2

授 权 日　2014 年 1 月 1 日

品种权人　荷兰德克育种公司

德克粉

品种权号 CNA20050883.0
授 权 日 2014 年 1 月 1 日
品种权人 荷兰德克育种公司

绿安娜

品种权号 CNA20080439.1
授 权 日 2014 年 1 月 1 日
品种权人 荷兰德丽菊花育种公司

双粉匙

品种权号 CNA20080514.2
授 权 日 2014 年 1 月 1 日
品种权人 沈阳农业大学

金殿堂

品种权号 CNA20080515.0
授 权 日 2014 年 1 月 1 日
品种权人 沈阳农业大学

南农月桂

品种权号 CNA20090039.2
授 权 日 2014 年 1 月 1 日
品种权人 南京农业大学

南农墨桂

品种权号 CNA20090040.9
授 权 日 2014 年 1 月 1 日
品种权人 南京农业大学

南农红雀

品种权号 CNA20090041.8
授 权 日 2014 年 1 月 1 日
品种权人 南京农业大学

南农红星

品种权号 CNA20100152.0
授 权 日 2014 年 1 月 1 日
品种权人 南京农业大学

南农皇冠

品种权号 CNA20100153.9
授 权 日 2014 年 1 月 1 日
品种权人 南京农业大学

BR 00401

品种权号 CNA20070639.X
授 权 日 2014 年 3 月 1 日
品种权人 布兰德坎普股份有限公司

B011771

品种权号 CNA20070641.1
授 权 日 2014 年 3 月 1 日
品种权人 布兰德坎普股份有限公司

洒金秋

品种权号　CNA20080529.0
授 权 日　2014年3月1日
品种权人　北京林业大学

绿蕊白

品种权号　CNA20080530.4
授 权 日　2014年3月1日
品种权人　北京林业大学

秋校方

品种权号　CNA20080533.9
授 权 日　2014年3月1日
品种权人　北京林业大学

斅方黄

品种权号　CNA20080534.7
授 权 日　2014年3月1日
品种权人　北京林业大学

巴卡迪

品种权号　CNA20050366.9
授 权 日　2014年11月1日
品种权人　荷兰菲德斯有限责任公司

粉磐石

品种权号　CNA20080513.4
授 权 日　2014年11月1日
品种权人　沈阳农业大学

金陵阳光

品种权号　CNA20090042.7
授 权 日　2014年11月1日
品种权人　南京农业大学

金陵娇黄

品种权号　CNA20090043.6
授 权 日　2014年11月1日
品种权人　南京农业大学

绿宝石

品种权号　CNA20090081.9
授 权 日　2014年11月1日
品种权人　荷兰德丽品种权公司

绿　波

品种权号　CNA20090082.8
授 权 日　2014年11月1日
品种权人　荷兰德丽菊花育种公司

雪　神

品种权号　CNA20090417.4
授 权 日　2014年11月1日
品种权人　北京林业大学

粉贵人

品种权号　CNA20090418.3
授 权 日　2014 年 11 月 1 日
品种权人　北京林业大学

雪　山

品种权号　CNA20090419.2
授 权 日　2014 年 11 月 1 日
品种权人　北京林业大学

雪凯撒

品种权号　CNA20090716.2
授 权 日　2014 年 11 月 1 日
品种权人　荷兰弗莱雷育种公司

小凯撒

品种权号　CNA20090717.1
授 权 日　2014 年 11 月 1 日
品种权人　荷兰弗莱雷育种公司

绿天赞

品种权号　CNA20090718.0
授 权 日　2014 年 11 月 1 日
品种权人　荷兰德丽品种权公司

粉沙姆

品种权号　CNA20090719.9
授 权 日　2014 年 11 月 1 日
品种权人　荷兰德丽品种权公司

黄沙姆

品种权号　CNA20090720.6
授 权 日　2014 年 11 月 1 日
品种权人　荷兰德丽品种权公司

兰　属
Cymbidium Sw.

红酒之恋

品种权号　CNA20070381.1
授 权 日　2014 年 3 月 1 日
品种权人　无锡向山兰园科技有限公司

夜想曲

品种权号　CNA20080066.3
授 权 日　2014 年 3 月 1 日
品种权人　无锡向山兰园科技有限公司

百合属
Lilium L.

小白鸽

品种权号　CNA20050601.3
授 权 日　2014 年 1 月 1 日
品种权人　永康市江南百合育种有限公司

白雪公主

品种权号　CNA20080672.6
授 权 日　2014 年 1 月 1 日
品种权人　云南省农业科学院

小白鹭

品种权号　CNA20060547.X
授 权 日　2014 年 3 月 1 日
品种权人　永康市江南百合育种有限公司

云　霞

品种权号　CNA20070500.8
授 权 日　2014 年 11 月 1 日
品种权人　云南省农业科学院

暮　色

品种权号　CNA20090482.4
授 权 日　2014 年 11 月 1 日
品种权人　云南省农业科学院

地平线

品种权号　CNA20090548.6
授 权 日　2014 年 11 月 1 日
品种权人　荷兰马克赞德公司

小蜜蜂

品种权号　CNA20090550.1
授 权 日　2014 年 11 月 1 日
品种权人　荷兰马克赞德公司

小迪诺

品种权号　CNA20090551.0
授 权 日　2014 年 11 月 1 日
品种权人　荷兰马克赞德公司

红精灵

品种权号　CNA20090552.9
授 权 日　2014 年 11 月 1 日
品种权人　荷兰马克赞德公司

小心愿

品种权号　CNA20090553.8
授 权 日　2014 年 11 月 1 日
品种权人　荷兰马克赞德公司

快乐岛

品种权号　CNA20090555.6
授 权 日　2014年11月1日
品种权人　荷兰马克育种权利公司

星　际

品种权号　CNA20090556.5
授 权 日　2014年11月1日
品种权人　荷兰马克育种权利公司

塔兰歌

品种权号　CNA20100452.7
授 权 日　2014年11月1日
品种权人　荷兰伏莱特与敦汉比海尔公司

非洲菊

Gerbera jamesonii Bolus

申　黄

品种权号　CNA20050119.4
授 权 日　2014年1月1日
品种权人　上海市林业总站

品种来源　以桑旦丝（黄色黑心大花）为母本，奥莱拉（桔红色绿心大花）为父本，在其F_1后代中选取优良单株选育而成的深黄色半重瓣黑心切花型品种。

特征性状　花形大，颜色鲜艳，茎秆粗壮硬实。株高50～60 cm，花序直径13～15 cm。叶片深绿色，表面光滑，叶缘锯齿，叶尖较尖。花梗中空，横截面呈圆形，花梗基部花青素着色；总苞高度18～22 mm，直径32～40 mm，苞片末端与外瓣紧贴，内轮苞片末稍的花青色着色；其两性花花冠主色为紫色，花柱末稍部分、柱头、花药主色为黄色，花药具纵向条纹；冠毛偏紫色，顶部高度比未开放的心盘管状花高。

• 申黄花序

金　韵

品种权号　CNA20080096.5
授 权 日　2014年9月1日
品种权人　上海市林业总站

品种来源　以Sundance（黄色黑心大花）为母本，以Ornella（桔红绿心大花）为父本杂交选育而成。

特征性状　头状花序半重瓣大花型切花品种。花盘颜色为黑褐色，花形平整；舌状花3轮，有光泽，黄色（RHS代码 7B）。半舌状花多轮，和舌状花界限明显，半舌状花瓣有红晕，舌状小花无游离花瓣；花径大小 10 ～ 13 cm，花梗长度 50 ～ 55 cm，花梗颈部无苞片，基部花青苷显色轻度中等，横切面实心，茎秆粗壮硬挺。叶色绿，叶片有疱状突起，羽裂深度中等，上表面被稀疏绒毛，叶片叶尖形状为急尖。保护地栽培单株年产量 30 ～ 35 支。切花保鲜期 12 ～ 18 d。产量高，有一定的抗病性，低温条件下不容易变色。

• 金韵花序

勃朗峰

品种权号　CNA20070242.4
授 权 日　2014 年 1 月 1 日
品种权人　荷兰夸克尔福劳瑞斯特公司

世纪黄

品种权号　CNA20070243.2
授 权 日　2014 年 1 月 1 日
品种权人　荷兰夸克尔福劳瑞斯特公司

月亮女神

品种权号　CNA20080518.5
授 权 日　2014 年 1 月 1 日
品种权人　昆明煜辉花卉园艺有限公司

青春偶像

品种权号　CNA20080519.3
授 权 日　2014 年 1 月 1 日
品种权人　昆明煜辉花卉园艺有限公司

金屋藏娇

品种权号　CNA20080520.7
授 权 日　2014 年 1 月 1 日
品种权人　昆明煜辉花卉园艺有限公司

爱　恋

品种权号　CNA20080521.5
授 权 日　2014 年 1 月 1 日
品种权人　昆明煜辉花卉园艺有限公司

红　运

品种权号　CNA20100498.3
授 权 日　2014年1月1日
品种权人　昆明煜辉花卉园艺有限公司

织　女

品种权号　CNA20100786.4
授 权 日　2014年1月1日
品种权人　昆明煜辉花卉园艺有限公司

元　春

品种权号　CNA20100787.3
授 权 日　2014年1月1日
品种权人　昆明煜辉花卉园艺有限公司

缇　萦

品种权号　CNA20100788.2
授 权 日　2014年1月1日
品种权人　昆明煜辉花卉园艺有限公司

黄　鹂

品种权号　CNA20100789.1
授 权 日　2014年1月1日
品种权人　昆明煜辉花卉园艺有限公司

皇　后

品种权号　CNA20100790.8
授 权 日　2014年1月1日
品种权人　昆明煜辉花卉园艺有限公司

桔色情怀

品种权号　CNA20100791.7
授 权 日　2014年1月1日
品种权人　昆明煜辉花卉园艺有限公司

蝴蝶兰属
Phalaenopsis Bl.

粉宝石

品种权号　CNA20100776.6
授 权 日　2014年11月1日
品种权人　浙江森禾种业股份有限公司

品种来源　以婚宴为母本，以兄弟倍利为父本杂交后，采用无性繁殖方式选育而成的中花型蝴蝶兰品种。

特征性状　叶片为倒卵形，其上有明显白色斑点。花梗长16 cm，花梗粗4.5 cm，花瓣主色为粉红色，花瓣中心有白斑，唇瓣玫红色。

适宜区域　在我国大部分地区需在温室条件下栽培，适宜的环境条件为，温度 16 ～ 30℃，相对湿度 70% ～ 80%，光照 3 000 ～ 15 000 Lux。

• 粉宝石单株

• 粉宝石花序

红蜻蜓

品种权号　CNA20100777.5

授 权 日　2014 年 11 月 1 日

品种权人　浙江森禾种业股份有限公司

品种来源　以黄色国王为母本，以兄弟雄猫为父本杂交后，采用无性繁殖方式扩繁选育而成的中花型蝴蝶兰品种。

特征性状　花序长 16.5 cm，花朵数 12 朵。花瓣主色黄色，开花后变为白色，有红色线条，唇瓣主色玫红色。

适宜区域　在我国大部分地区需在温室条件下栽培，适宜的环境条件为，温度 16 ～ 30℃，相对湿度 70% ～ 80%，光照 3 000 ～ 15 000 Lux。

• 红蜻蜓花序

• 红蜻蜓花

• 红蜻蜓单株

花仙子

品种权号　CNA20100778.4

授 权 日　2014年11月1日

品种权人　浙江森禾种业股份有限公司

• 花仙子单株

品种来源　以兄弟甜心为母本，以兄弟倍利为父本杂交后，采用无性繁殖方式扩繁选育而成的中花型蝴蝶兰品种。

特征性状　平均叶片长10.9 cm，花梗长18 cm。花瓣主色黄绿色，有粉色线条，唇瓣主色玫红色。

适宜区域　在我国大部分地区需在温室条件下栽培，适宜的环境条件为，温度16～30℃，相对湿度70%～80%，光照3 000～15 000 Lux。

• 花仙子花序

花烛属
Anthurium Schott

安祖阿萨克

品种权号　CNA20080314.X

授 权 日　2014年1月1日

品种权人　荷兰安祖公司

安祖斯姆维

品种权号　CNA20080321.2

授 权 日　2014年1月1日

品种权人　荷兰安祖公司

红国王

品种权号 CNA20080323.9
授 权 日 2014 年 1 月 1 日
品种权人 荷兰瑞恩公司

真 爱

品种权号 CNA20080375.1
授 权 日 2014 年 1 月 1 日
品种权人 荷兰瑞恩育种公司

雪 玉

品种权号 CNA20090270.0
授 权 日 2014 年 9 月 1 日
品种权人 中国热带农业科学院热带作物品种资源研究所

春 晓

品种权号 CNA20090201.4
授 权 日 2014 年 11 月 1 日
品种权人 云南省热带作物科学研究所

水晶之恋

品种权号 CNA20090202.3
授 权 日 2014 年 11 月 1 日
品种权人 云南省热带作物科学研究所

燃 雪

品种权号 CNA20090678.8
授 权 日 2014 年 11 月 1 日
品种权人 云南省热带作物科学研究所

冬 雪

品种权号 CNA20090679.7
授 权 日 2014 年 11 月 1 日
品种权人 云南省热带作物科学研究所

水 韵

品种权号 CNA20090680.4
授 权 日 2014 年 11 月 1 日
品种权人 云南省热带作物科学研究所

蝶 恋

品种权号 CNA20090681.3
授 权 日 2014 年 11 月 1 日
品种权人 云南省热带作物科学研究所

安祖莫斯娇

品种权号 CNA20080305.0
授 权 日 2014 年 11 月 1 日
品种权人 荷兰安祖公司

安祖奥巴

品种权号　CNA20080306.9
授 权 日　2014年11月1日
品种权人　荷兰安祖公司

安祖阿布亚姆

品种权号　CNA20080307.7
授 权 日　2014年11月1日
品种权人　荷兰安祖公司

安祖易派迪

品种权号　CNA20080309.3
授 权 日　2014年11月1日
品种权人　荷兰安祖公司

安祖阿萨姆

品种权号　CNA20080310.7
授 权 日　2014年11月1日
品种权人　荷兰安祖公司

安祖奥利尔

品种权号　CNA20080311.5
授 权 日　2014年11月1日
品种权人　荷兰安祖公司

安祖贝斯卡

品种权号　CNA20080312.3
授 权 日　2014年11月1日
品种权人　荷兰安祖公司

安祖巴萨瓦

品种权号　CNA20080313.1
授 权 日　2014年11月1日
品种权人　荷兰安祖公司

安祖塞吉斯

品种权号　CNA20080316.6
授 权 日　2014年11月1日
品种权人　荷兰安祖公司

安祖本来姿

品种权号　CNA20080317.4
授 权 日　2014年11月1日
品种权人　荷兰安祖公司

安祖尤瓦普

品种权号　CNA20080320.4
授 权 日　2014年11月1日
品种权人　荷兰安祖公司

夏　恋

品种权号　CNA20090682.2
授 权 日　2014年11月1日
品种权人　云南省热带作物科学研究所

彩云红

品种权号 CNA20090683.1
授 权 日 2014 年 11 月 1 日
品种权人 云南省热带作物科学研究所

果子蔓属
Guzmania Ruiz. & Pav.

泰 加

品种权号 CNA20080665.3
授 权 日 2014 年 1 月 1 日
品种权人 卢克·皮特尔斯
卡罗琳·德·梅尔

希望之星

品种权号 CNA20090259.5
授 权 日 2014 年 9 月 1 日
品种权人 上海鲜花港德鲁仕植物有限公司

红运来

品种权号 CNA20090264.8
授 权 日 2014 年 9 月 1 日
品种权人 上海鲜花港德鲁仕植物有限公司
上海鲜花港企业发展有限公司

詹尼弗

品种权号 CNA20090260.2
授 权 日 2014 年 9 月 1 日
品种权人 上海鲜花港德鲁仕植物有限公司

蔓珍娜

品种权号 CNA20090261.1
授 权 日 2014 年 9 月 1 日
品种权人 上海鲜花港德鲁仕植物有限公司

洛伊斯

品种权号 CNA20090265.7
授 权 日 2014 年 9 月 1 日
品种权人 上海鲜花港德鲁仕植物有限公司

马赛纳

品种权号 CNA20100507.2
授 权 日 2014 年 9 月 1 日
品种权人 上海鲜花港德鲁仕植物有限公司

瑞特莫

品种权号 CNA20080483.9
授 权 日 2014 年 11 月 1 日
品种权人 荷兰科贝克公司

卡利普索

品种权号 CNA20080275.5
授 权 日 2014年11月1日
品种权人 卢克·皮特尔斯
卡罗琳·德·梅尔

挺 拓

品种权号 CNA20080485.5
授 权 日 2014年11月1日
品种权人 荷兰科贝克公司

客乃思

品种权号 CNA20080645.9
授 权 日 2014年11月1日
品种权人 上海鲜花港德鲁仕植物有限公司

迪 亚

品种权号 CNA20080646.7
授 权 日 2014年11月1日
品种权人 卢克·皮特尔斯
卡罗琳·德·梅尔

红月亮

品种权号 CNA20080663.7
授 权 日 2014年11月1日
品种权人 卢克·皮特尔斯
卡罗琳·德·梅尔

海王星

品种权号 CNA20080664.5
授 权 日 2014年11月1日
品种权人 卢克·皮特尔斯
卡罗琳·德·梅尔

择仙花

品种权号 CNA20090262.0
授 权 日 2014年11月1日
品种权人 上海鲜花港德鲁仕植物有限公司

泰克诺

品种权号 CNA20090659.1
授 权 日 2014年11月1日
品种权人 荷兰科贝克公司

弗莱娅

品种权号 CNA20090660.8
授 权 日 2014年11月1日
品种权人 荷兰科贝克公司

石竹属
Dianthus L.

希斯拉姆

品种权号　CNA20070633.0
授 权 日　2014 年 1 月 1 日
品种权人　意大利希布瑞达花卉育种公司

维　森

品种权号　CNA20070632.2
授 权 日　2014 年 11 月 1 日
品种权人　意大利维莱塔花卉育种公司

奥吉尔夫人

品种权号　CNA20090018.7
授 权 日　2014 年 11 月 1 日
品种权人　西班牙巴巴拉布兰克公司

秋海棠属
Begonia L.

丽蓓卡

品种权号　CNA20100476.9
授 权 日　2014 年 11 月 1 日
品种权人　荷兰科比品种权公司

瑞　娜

品种权号　CNA20100477.8
授 权 日　2014 年 11 月 1 日
品种权人　荷兰科比品种权公司

贝拉粉紫

品种权号　CNA20100478.7
授 权 日　2014 年 11 月 1 日
品种权人　荷兰科比品种权公司

柏利斯红白

品种权号　CNA20100479.6
授 权 日　2014 年 11 月 1 日
品种权人　荷兰科比品种权公司

草　莓
Fragaria ananassa Duch.

久　香

品种权号　CNA20070245.9
授 权 日　2014 年 3 月 1 日
品种权人　上海市农业科学院

品种来源　以早中熟、抗病品种久能早生为母本，以早熟优质日本品种丰香为父本，经杂交选育而成的早熟优质草莓品种。

审定情况　沪农品认果树（2007）第 007 号。

特征性状　生长势强，株形紧凑。花序高于或平于叶面，7 ～ 12 朵 / 序，4 ～ 6 序 / 株。两性花，花瓣 6 ～ 8 枚。匍匐茎 4 月中旬开始抽生，有分枝，抽生量多。果实圆锥形，较大，第Ⅰ、Ⅱ级序果平均质量 21.6 g；果形指数 1.37，整齐；果面橙红富有光泽，着色一致，表面平整。种子密度中等，分布均匀，种子着生微凹，红色。

品质测定　果肉红色，髓心浅红色，无空洞；果肉细，质地脆硬；汁液中等，甜酸适度，香味浓。设施栽培可溶性固形物含量 9.58% ～ 12%。

• 久香田间群体

• 久香果实

抗性表现　对白粉病和灰霉病的抗性均强于草莓品种丰香。

产量表现　1 200 ～ 1 500 kg/ 亩。

适宜区域　适宜于长江流域和冬暖草莓产区，露地和促成栽培均可。

帕洛马

品种权号　CNA20070316.1

授 权 日　2014 年 3 月 1 日

品种权人　加利福尼亚大学董事会

萨布罗莎

品种权号　CNA20070416.8

授 权 日　2014 年 3 月 1 日

品种权人　普朗纳萨种苗公司

塞力亚

品种权号　CNA20080811.7

授 权 日　2014 年 11 月 1 日

品种权人　新水果公司

苹果属
Malus Mill.

红　露

品种权号　CNA20050181.X

授 权 日　2014 年 3 月 1 日

品种权人　大韩民国农村振兴厅

宣　弘

品种权号　CNA20050182.8
授 权 日　2014 年 3 月 1 日
品种权人　大韩民国农村振兴厅

青砧一号

品种权号　CNA20090603.8
授 权 日　2014 年 11 月 1 日
品种权人　青岛市农业科学研究院

青砧二号

品种权号　CNA20090604.7
授 权 日　2014 年 11 月 1 日
品种权人　青岛市农业科学研究院

梨　属
Pyrus L.

华　山

品种权号　CNA20040023.1
授 权 日　2014 年 3 月 1 日
品种权人　大韩民国农村振兴厅

园　黄

品种权号　CNA20040024.X
授 权 日　2014 年 3 月 1 日
品种权人　大韩民国农村振兴厅

晚　秀

品种权号　CNA20050179.8
授 权 日　2014 年 3 月 1 日
品种权人　大韩民国农村振兴厅

秋　黄

品种权号　CNA20050180.1
授 权 日　2014 年 3 月 1 日
品种权人　大韩民国农村振兴厅

今村早生

品种权号　CNA20050650.1
授 权 日　2014 年 3 月 1 日
品种权人　大韩民国农村振兴厅

珍　黄

品种权号　CNA20050651.X
授 权 日　2014 年 3 月 1 日
品种权人　大韩民国农村振兴厅

金　晶

品种权号　CNA20090187.2
授 权 日　2014 年 3 月 1 日
品种权人　湖北省农业科学院果树茶叶研究所

尤　塔

品种权号　CNA20060588.7

授 权 日　2014年3月1日

品种权人　萨克森农业局

米尼梨

品种权号　CNA20060813.4

授 权 日　2014年3月1日

品种权人　大韩民国农村振兴厅

绿　秀

品种权号　CNA20060814.2

授 权 日　2014年3月1日

品种权人　大韩民国农村振兴厅

鲜　黄

品种权号　CNA20060815.0

授 权 日　2014年3月1日

品种权人　大韩民国农村振兴厅

新　千

品种权号　CNA20060816.9

授 权 日　2014年3月1日

品种权人　大韩民国农村振兴厅

甘　露

品种权号　CNA20060817.7

授 权 日　2014年3月1日

品种权人　大韩民国农村振兴厅

柑橘属
Citrus L.

招　财

品种权号　CNA20090308.6

授 权 日　2014年11月1日

品种权人　浙江锦林佛手有限公司

品种来源　金佛手的自然芽变体经本砧嫁接培育而成。

特征性状　树形紧凑，叶片稍圆大，枝干有短刺，果形较小，果色金黄油亮，果香特浓，幼果、嫩芽及花均成紫红色，丰产，成熟后挂果时间5个多月，较易于包装和远途运输。

• 招财植株

三红蜜柚

品种权号　CNA20090677.9
授 权 日　2014年1月1日
品种权人　蔡新光

浙柚1号

品种权号　CNA20080769.2
授 权 日　2014年11月1日
品种权人　浙江省柑桔研究所
丽水市农作物站
青田县农业技术推广中心

桃
Prunus persica (L.) Batsch.

沪油桃002

品种权号　CNA20080183.X
授 权 日　2014年3月1日
品种权人　上海市农业科学院

品种来源　以来源于京玉XNJN76的瑞光3号为母本，以引自美国的五月火为父本杂交选育而成。。

审定情况　沪农品认果树（2006）第004号。

特征性状　蔷薇花型，花瓣粉红，有花粉。在上海地区果实发育期平均为75 d左右，采收期为6月上旬。果实椭圆至近圆形；果顶圆凸，果实较对称。果面底色白，果面光滑无茸毛，阳面为有斑点和条纹的紫红色，覆盖率50%～75%。果肉白色。

品质测定　单果平均重120 g左右，大果重160 g；果肉白色，肉质致密，脆硬；硬溶质，汁液中等，纤维少，风味甜香，可溶性固形物含量9%～11%；果核硬，粘核。

抗性表现　基本不裂果，降雨多的年份有极少量裂果。

产量表现　自花结实率高，应适当疏果。3年生以上主干型树或4年生以上开心型树亩产可达1 200～1 500 kg，丰产性优。

适宜区域　适宜于全国各桃树主产区，尤其是南方多雨地区栽培。

晚香蜜桃

品种权号　CNA20090177.4
授 权 日　2014年11月1日
品种权人　李文生

霞　脆

品种权号　CNA20090781.2
授 权 日　2014年11月1日
品种权人　江苏省农业科学院

金霞油蟠

品种权号　CNA20090782.1
授 权 日　2014年11月1日
品种权人　江苏省农业科学院

葡萄属
Vitis L.

黑蜜十六

品种权号　CNA20060347.7
授 权 日　2014年1月1日
品种权人　美国太阳世界国际有限公司

白蜜十八

品种权号　CNA20060442.2
授 权 日　2014年1月1日
品种权人　美国太阳世界国际有限公司

粉蜜十四

品种权号　CNA20060619.0
授 权 日　2014年1月1日
品种权人　美国太阳世界国际有限公司

蜀葡1号

品种权号　CNA20090031.0
授 权 日　2014年11月1日
品种权人　四川省自然资源科学研究院
双流县科技发展促进中心
双流县永安红提葡萄协会

红蜜十九

品种权号　CNA20080188.0
授 权 日　2014年11月1日
品种权人　美国太阳世界国际有限公司

猕猴桃属
Actinidia Lindl.

红　美

品种权号　CNA20040729.5
授 权 日　2014年11月1日
品种权人　四川省自然资源科学研究院
四川苍溪猕猴桃研究所

品种来源　用野生美味猕猴桃种子播种后，从其实生苗中选育出来彩色猕猴桃品种。

审定情况　川审果树2004004。

特征性状　果实圆柱形，果顶微凸，整齐，密生黄棕色硬毛，果皮黄褐色。果实种子外侧果肉红色，横切面红色素呈放射状分布，构成美丽图案。

品质测定　平均单果重73 g，最大100 g。肉质细嫩，微香，口感好，易剥皮。可溶性固形物19.4%，总糖12.91%，总酸1.37%，维生素C 115.2 mg/100 g。

抗性表现　抗病虫害能力较强，栽培中尚未发现较大的病虫害。抗溃疡病能力较强。但花期怕阴雨和大风，倒春寒对花期的影响大，栽培中应注意技术措施的跟进。

产量表现 花量大，坐果率高，无生理落果现象。嫁接苗定植后第二年有少量株结果，第三年可全部结果。第四年至第五年可进入盛果期。每株结果 200 个左右，株产约 15 kg，亩产 1 500 kg 左右。

适宜区域 适宜于向阳、避风、排水良好的微酸性土壤，建园栽培地应在海拔 1 200 m 以下，雨量丰富，空气湿润，年均温度 13℃以上。

• 红美果实

• 红美田间群体

红 华

品种权号 CNA20040730.9

授 权 日 2014 年 11 月 1 日

品种权人 四川省自然资源科学研究院

品种来源 用红阳为母本，用野生美味猕猴桃雄株为父本杂交后，从其杂交后代中选育出的红肉猕猴桃品种。

审定情况 川审果树 2004003。

特征性状 果实长椭圆形，果皮黄褐色，果面光滑，果脐平坦或微凸，果肉沿中轴显鲜红色并呈放射状分布。

品质测定 平均单果重 97.12 g。口感好，肉质细嫩，有香气，蜂蜜味，甜酸适度。果肉可溶性固形物 18.9%，总糖 11.94%，总酸 1.35%，维生素 C 69.76 mg/100 g。

抗性表现 较耐高温，抗风、抗旱、抗涝、抗病力都较强。对溃疡病有较强抵抗力。

• 红华果实

• 红华田间群体

产量表现 坐果率90%以上，无生理落果现象，无大小年。嫁接苗第三年80%植株结果，第五年进入盛果期，株产20 kg左右，亩产1 500～2 000 kg。

适宜区域 适宜于海拔1 000 m以下，年均温14℃以上，最低温度-4℃以上，雨量丰富，阳光充足，土壤肥沃的地地区栽培。

广砧一号

品种权号 CNA20090434.3

授 权 日 2014年11月1日

品种权人 苍溪县彩色猕猴桃专业合作社

品种来源 选择野生葛枣猕猴桃的变异株通过扦插方式繁殖后选育而成的砧木品种。

特征性状 多年生中型落叶半藤本雌雄异株品种。主干不明显，多为丛生，枝梢尖端少缠绕。枝干较粗壮，无毛或幼嫩枝具短柔毛，皮孔点状或短条线形，髓心中大，白色，海绵状，通之呈木桶状圆条。叶片长卵形，长8～10 cm，宽4.5～6 cm，尖端稍尖。叶缘有细锯齿，叶面绿色，叶脉6～7对，细脉网状，初夏部分植株呈银白色的变色叶，花常单生于枝腋，花柄细，长1～1.5 cm。萼片5枚，花乳白色，略有香味，花径1～1.5 cm，花瓣5枚，倒卵形，先端圆钝。花丝线形，长0.8～1.3 cm，花药黄色，卵形箭头状，每结果枝蔓着果3～7个，根部发达，根基黄白色，侧根浅白色，吸收根乳白色，发达健壮的半纤维根系在土壤中呈网状分布。

果实性状 果实成熟时呈黄色，无毛，无斑点，有时着蜡粉质，先端呈啄状，平均单果重4.5 g，较整齐，果肉浅黄色，汁液中等，可溶性固体物含量，11%～14.5%，每100 g果实含维生素C 27 mg～73.5 mg，平均单果有种子38粒，种子细小，浅褐色，千粒重3.5 g，未成熟果具辛辣味，果实不耐储存。

生长习性及物候期 喜凉爽湿润气候，一般自然分布在海拔1 200～1 500 m的地段，树势生长较强，喜丛生，以春梢生长为主，夏秋梢多为较弱分枝，年抽生枝长2～4 m。枝先端匍匐地面，着地节位常分生成定根幼苗，在海拔650 m的地区人工栽培条件下，伤流期3月上旬，3月中旬开始萌芽，4月中旬展叶，4月下旬末至5月初开花，花期4～6 d，7月下旬果实成熟，果实发育期约80 d左右，11月下旬开始落叶。

• 广砧一号植株

嫁接栽培品种的利用表现 近年在各不同海拔、不同气候、不同土壤等条件下栽培表明，此砧木品种对嫁接品种的亲和力均强，结果正常，品质优良。从未发现各种病害，且具有较强的抗旱、抗涝、抗寒、抗重茬、抗病虫、对土壤改良要求不高，适应性好，栽培管理方便，具有投资小、成本低、生长旺盛、寿命长等优点，并可实现当年种植，当年试产（嫁接苗），可使投资回报提前 2 ～ 3 年。

红什 1 号

品种权号　CNA20100122.7

授 权 日　2014 年 11 月 1 日

品种权人　四川省自然资源科学研究院

品种来源　以红阳猕猴桃为母本，以黄肉大果型材料 SF1998M 为父本材料，经杂交选育而成的红肉猕猴桃品种。

审定情况　川审果树 2010006。

特征性状　果实广椭圆形，有果实的缢痕，果顶浅凹或平坦，果皮黄褐色，具短茸毛，易脱落，果实平均单果重 85.5 g，最大单果重 95 g。果实种子外侧果肉红色，横切面红色素呈放射状分布。

品质测定　每 100 g 果实维生素 C 含量为 147.1mg，总糖 12.01%，总酸 0.13%，可溶性固形物含量 17.6%，干物质含量 22.8%；果实具有较浓的香味。

抗性表现　抗病能力较强，对叶斑病、褐斑病均有较强抵抗力。

产量表现　坐果率 90% 以上，无生理落果现象，无大小年。嫁接苗第三年 60% 以上植株结果，第四年进入盛果期，株产 20 ～ 30 kg，亩产 1 000 ～ 1 500 kg。

适宜区域　一般在海拔 1 000 m 以下，年平均气温 13 ～ 18℃，年降雨量 1 000 ～ 1 500 mm，土壤疏松透气、富含腐殖质、排水良好，土壤 pH 值 5.5 ～ 6.5 地区栽培效果最好。

• 红什 1 号果实

• 红什 1 号田间群体

宝贝星

品种权号　CNA20100123.6

授 权 日　2014 年 11 月 1 日

品种权人　四川省自然资源科学研究院

品种来源 从河南省栾川县软枣猕猴桃实生群体中收集到软枣猕猴桃种子，经过实生播种选育而成。

审定情况 川审果树 2010007。

特征性状 果实短梯形，果顶凸，果皮绿色光滑无毛，平均单果重 6.91 g。

品质测定 每 100 g 果实维生素 C 含量 19.8 mg，总糖 8.85%，总酸 1.28%，可溶性固形物含量 23.2%，干物质含量 22.6%。

抗性表现 抗病能力较强，对叶斑病、褐斑病、溃疡病均有较强抵抗力，在栽培中极少施用农药。

产量表现 果实多着生于结果枝 4 ～ 8 节叶腋间，坐果率 90% 以上，嫁接苗定植后第二年有 70% 植株开花结果，第三年全部结果，第四年进入盛果期，株产 8 ～ 10 kg，亩产 1 000 kg。

适宜区域 适应性强，对土壤、气温、海拔高度、降雨量适应范围广，一般年平均气温 > 11 ℃，海拔 1 300 m 以下，土壤微酸性，透气性良好的土壤地区均可栽培。

• 宝贝星田间群体

云海 1 号

品种权号 CNA20090922.2
授 权 日 2014 年 3 月 1 日
品种权人 江西省 · 中国科学院庐山植物园

满天红

品种权号 CNA20090901.7
授 权 日 2014 年 11 月 1 日
品种权人 中国科学院武汉植物园

杨氏金红 1 号

品种权号 CNA20110642.7
授 权 日 2014 年 11 月 1 日
品种权人 扬州杨氏果业科技有限公司

桑 属
Morus L.

粤椹 74

品种权号 CNA20090138.2
授 权 日 2014 年 11 月 1 日
品种权人 广东省农业科学院蚕业与农产品加工研究所

粤椹 28

品种权号　CNA20090337.1

授 权 日　2014 年 11 月 1 日

品种权人　广东省农业科学院蚕业与农产品加工研究所

白灵侧耳

Pleurotus nebrodensis (Inzenga) Quél.

中农 1 号

品种权号　CNA20060445.7

授 权 日　2014 年 11 月 1 日

品种权人　中国农业科学院农业资源与农业区划研究所

品种来源　新疆木垒地区的野生菌种一个亲本的多孢杂交育成。

审定情况　国品认菌 2007042。

特征性状　子实体色泽洁白，菌盖贻贝状，平均厚 4.5 cm；长宽比约 1∶1，菌柄的长宽比约 1∶1，菌盖长和菌柄长之比约 2.5∶1；菌柄侧生，白色，表面光滑。子实体形态的一致性高于 80%。培养料适宜含水量 70%；菌丝最适生长温度 25 ～ 28 ℃；子实体分化温度 5 ～ 20 ℃，最适 10 ～ 14℃；发菌期 40 ～ 50 d，后熟期 18 ～ 20 ℃下 30 ～ 40 d；菇潮较集中。栽培周期为 100 ～ 110 d；温度高于 35℃、低于 5℃时，菌丝体停止生长。子实体生长快，从原基出现到采收一般 7 ～ 10 d。出菇的整齐度高，一潮菇一级优质菇在 80% 以上。基质含水量不足或高温时菇质较松。一潮菇采收后补水可以出二潮。

品质测定　贻贝状，洁白，菌柄细小，形态整齐性高于 80%，但是菌肉较软。

抗性表现　抗水渍状斑点病。

产量表现　棉籽壳为主料栽培生物学效率一潮菇为 40% 以上。

适宜区域　适宜于我国东北、华北、黄河流域及长江流域秋冬季具 10℃以上昼夜温差并持续 50 d 以上的地区种植。

• 中农 1 号菌株

• 中农 1 号菌株